의학·보건학 연구자를 위한

R통계와
성향점수분석

심성률 신지은 지음

의학 · 보건학 연구자를 위한 R 통계와 성향점수분석

2025년 2월 10일 1판 1쇄 박음
2025년 2월 20일 1판 1쇄 펴냄

지은이 | 심성률, 신지은
펴낸이 | 조광재

펴낸곳 | (주) 한나래플러스
등록 | 1991. 2. 25. 제2011-000139호
주소 | 서울시 마포구 토정로 222, 한국출판콘텐츠센터 418호
전화 | 02) 738-5637·팩스 | 02) 363-5637·e-mail | hannarae91@naver.com
www.hannarae.net

© 2024 심성률, 신지은
ISBN 978-89-5566-315-0

머리말

최근 10여 년간 의학보건학 연구에 있어서는 엄청난 변화의 물결이 있어 왔습니다. 그동안 쉽사리 다루지 못했던 다양한 종류의 빅데이터들이 공개되면서 개인 연구자들도 손쉽게 빅데이터를 분석할 수 있는 환경이 조성되었습니다. 또한 R과 Python 같은 확장성이 뛰어난 오픈소스 소프트웨어의 보급으로 데이터 분석이 더 용이해졌습니다. 국민건강영양조사자료, 보건의료빅데이터(심사평가원, 건강보험공단, 질병관리청 등), 통계청 데이터 등 데이터 수집에 따른 행정 절차가 다소 번거로울 뿐 개인 연구자들도 대규모 차원의 빅데이터에 대한 접근이 가능해졌습니다.

그러나 이러한 대규모 데이터를 통해 의미 있는 연구 결과를 도출하려면 적절한 데이터 분석 능력이 필수적입니다. 질병의 위험 요인을 탐색하고, 진단이나 예후를 예측하기 위한 통계모형은 그 분야에 대한 풍부한 임상 경험과 통찰 없이는 제대로 만들 수가 없습니다. 연구자가 연구가설을 증명하기 위한 연구설계, 변수선택, 모형설정 등 이 많은 고려사항을 자신의 지식 부족으로 남에게 부탁할 경우 결코 처음 원하는 결과에 이를 수 없기 때문입니다.

연구의 완성은 과학논문의 출판으로 이루어져야 합니다. 이는 연구자의 임상 지식에 기반하여 새로운 임상 결과를 과학적으로 검증하고 표현하는 통계학적 지식이 필수적입니다.

저자들은 많은 연구자들과 임상연구를 같이하면서 늘 이러한 문제에 부딪혀 왔습니다. 다음과 같은 두 가지 부류의 연구자를 가정해 봅시다.

첫째, 임상 지식은 풍부한데 이를 과학적으로 분석하고 표현할 통계학적 지식이 부족한 연구자가 통계의 실력을 키우는 경우
둘째, 통계 지식은 풍부한데 임상 지식이 부족한 연구자가 임상 지식을 채우는 경우

여러분은 어떤 연구자가 연구에서 더 유리하다고 생각되시나요? 물론 정답은 없습니다. 그러나 어쩌면 두 번째 유형에 해당하는 저자들이 지금까지의 연구 경험을 통

해 살펴보면 임상 지식 습득의 한계에 금방 부딪히게 되어 확장성이 떨어지는 반면, 첫 번째 유형인 임상 지식에 통계를 더한 연구자는 그렇지 않은 연구자와는 비교할 수 없을 정도의 창의성과 생산성을 가져옵니다. 특히 도저히 상상할 수 없었던 접근 방법을 찾아냄으로써 완전히 새로운 시각으로 문제를 해결하는 것을 종종 보아왔습니다. 이것은 풍부한 임상 지식의 바탕에 통계학적 지식이 더해졌을 때를 새로운 시각이 열렸다고 유추할 수 있습니다.

따라서 본 서에서는 임상연구자의 시각에서 데이터를 분석하고 해석하는 것에 초점을 맞추었습니다. 독자가 제공된 예제와 코드를 그대로 따라 함으로써 동일한 결과를 도출하고, 이를 통해 스스로 성향점수분석의 원리를 깨닫도록 하는 것을 목표로 합니다. 이러한 반복 학습을 통해 독자가 데이터 분석의 기본 원리를 체득하고, 임상연구에서 통계적 방법론을 능숙하게 활용할 수 있기를 기대합니다.

성향점수분석(propensity score analysis)은 주로 사회과학 연구에서 원인변수와 결과변수 사이의 관계를 다루다 보니 의학보건학 연구 관점에서는 용어와 개념이 달라서 이해하는 데 어려움이 있었습니다. 또한 관련 책들이 국내에 출시되어 있지만 학습 범위가 너무 넓어서 개념 정리가 어렵고 특히 의학보건학에 적용하기에는 적합하지 않기 때문에 본 서를 통해서 의학보건학 데이터에 바로 적용할 수 있는 실용적인 내용과 실습방법들을 설명하려고 노력하였습니다.

기본적으로 의학연구에서는 삐뚤림을 사전에 차단하기 위해서 모든 연구디자인을 무작위배정 임상연구로 실시하는 것이 가장 좋습니다. 그러나 연구디자인을 고려함에 있어서 윤리적 또는 현실적인 문제에 따라서 무작위배정 임상연구가 불가능한 경우가 더 많습니다. 더욱이 이미 관찰이 완료되어 후향적(retrospective)으로 접근할 수밖에 없는 경우 이미 선택되어진 표본들의 선택 편향을 제거하는 방법은 다중회귀분석(multiple regression analysis)과 성향점수분석(propensity score analysis)을 활용하는 방법이 많이 선호됩니다. 성향점수분석은 전통적인 회귀분석의 한계를 보완하면서 보다 타당한 인과관계를 추정할 수 있는 방법입니다.

본 서에서는 성향점수분석 기법의 인과추정방식, 즉 '루빈 인과모형(Rubin's causal

model)'을 가급적 쉬운 용어와 사례로 설명하여 성향점수분석의 이해도를 높이고자 노력하였습니다. 그리고 성향점수분석 기법들 중 의학보건학에서 가장 많이 활용되는 '성향점수매칭'과 '성향점수가중치' 방법을 예제 데이터와 분석코드를 전체 실습과정으로 담고 있으며 해당 결과에 대한 자세한 해석을 체계적으로 설명하였습니다.

추천드리는 학습방법은 본 서의 부록에 있는 성향점수분석 코드와 예제 데이터를 그대로 R studio로 옮긴 다음 그냥 실행해 보시기를 권합니다. 분석코드에 따른 결과들이 결과창에 계속 쏟아질 텐데 해석은 나중에 하시고 전체를 실행해 보십시오. 불현듯 호기심과 자신감이 생길 것입니다. 그런 다음 본인의 연구 데이터로 바꾸어 주시기만 하면 여러분도 성향점수분석을 해낼 수 있을 거라 믿습니다.

인생에서 두 가지 신박한 통계분석 방법을 만났습니다. 하나는 현재의 주요 연구 분야이면서 연구로 인생을 빠져들게 한 메타분석입니다. 메타분석 관련 8편의 저서와 130여 편의 SCIE 논문을 출판하게 되었습니다. 출판된 의과학 논문 데이터를 열심히 수집하고 정제하면 근거 수준이 제일 높은 근거기반의학(evidence based medicine)인 체계적 문헌고찰과 메타분석을 만들어 낼 수 있다는 것이 너무 매력적이었습니다. 그냥 열심히 검색하고 수집하고 분석하면 연구가 완성된다는 것은 연구가 부캐였던 저자에게는 너무나 큰 즐거움을 주었습니다. 낚시광이 낚싯대를 갈고 닦듯 매번 골똘히 하나의 연구주제를 파고들어 결과물을 하나씩 만들어 낼 때마다 너무 행복했습니다.

그리고 만난 것이 성향점수분석입니다.

대학원에서 전공으로 역학 및 의료정보학을 다루다 보니 많은 연구방법론을 접하게 되었습니다. 아마 의학보건학에 계신 분들은 무작위배정 임상연구와 그렇지 않은 연구의 차이를 쉽게 이해하실 것입니다. 하늘과 땅 차이죠. 마치 처음부터 믿을 수 있는 연구를 하느냐 아니냐처럼 느껴진다고 봐야 할까요.

그런데 이 신박한 성향점수분석은 이미 데이터 수집이 끝난 관찰연구 자료를 무작위배정 연구처럼 만들어 준다고 하니 너무 놀라웠습니다. 관찰연구이기 때문에 도저히 극복할 수 없을 것처럼 느껴졌던 표본수집의 삐뚤림을 극복할 수 있다니, 그래서 마치 관찰연구를 무작위배정 연구처럼 변신시켜 주다니 저는 마법처럼 느꼈습니다.

박사학위 논문에 꼭 성향점수분석을 넣어야겠다는 신념하에 성향점수분석을 배우려고 관련 책을 찾아보았는데 2012년 당시에는 모두 해외 원서들뿐이었습니다. 여러 원서들을 뒤적이며 관련 코드를 찾아내고 정리하기를 수차례 반복했지만 쉽지 않았습니다. 그러던 와중에 SPSS에 R 모듈을 수동으로 넣어서 분석할 수 있는 방법을 알게 되었고, 고려대학교 의학도서관 열람실 컴퓨터에 제가 앉은 자리마다 계속 설치하다 보니 결국 도서관 내 모든 컴퓨터에 설치하게 되었습니다. 지금은 SPSS에 성향점수분석 기능이 있는 것으로 알고 있는데, 당시에는 수동으로 하나씩 설치를 해야 하기 때문에 만만한 작업이 아니었습니다. SPSS 버전과 R 버전이 정확히 일치해야 하며 파일과 폴더를 수동으로 넣어 주는 꽤 어려운 작업이었습니다. 그렇게 공부해서 성향점수분석을 정리하게 되었고 박사학위 논문의 첫 장을 차지하게 되었습니다.

이후 관찰자료를 만나면 거의 무의식적으로 성향점수분석을 이용해서 무작위화를 시도합니다. 선택편향을 제거하기 위해서 이보다 좋은 방법이 없기 때문입니다. STATA에서도 좋은 분석 도구를 제공하지만 한번에 보고서로 만드는 것이 불편하여 요즘은 거의 R을 이용해서 분석합니다. 지금까지 성향점수분석을 이용해서 대략 10여 편 논문을 작성하였습니다. 2019년 즈음에 의학보건학 성향점수분석 책을 저술해야겠다는 의지를 이제야 실천하게 되어 스스로에게 부끄러움을 느낍니다. 물론 메타분석에 비해서는 지식의 깊이가 얕지만 의학보건학을 탐구하시는 연구자분들에게 저자가 주로 사용하는 성향점수분석 방법을 공유하기 위해서 본 서를 작성하였습니다.

본인의 연구활동에 작은 도움이 되기를 바라며 혹시라도 궁금한 점 있으시면 주저하지 마시고 메일로 연락주시기 바랍니다.

마지막으로 저의 부족한 지식을 채워주시기 위해 같이 저술해 주신 건양대학교 의과대학 정보의학교실 동료이자 선배이신 신지은 교수님과 제 연구의 자리를 허락해 주신 건양대학교의료원 의생명연구원장 김종엽 교수님께 깊은 존경을 드립니다.

2025년 2월
심성률

4 성향점수분석 이론

5 성향점수분석 실습

1

통계와 성향점수분석

R과 R studio 설치 및 기본 설정

R software는 R. Becker, J. Chamber, A. Wilks 등이 S언어를 확장하여 개발한 프로그래밍 언어이다. R은 완전한 오픈소스로 CRAN(Comprehensive R Archive Network) 사이트에서 누구나 무료로 다운로드 받아서 사용할 수 있다.

1.1 R의 설치

R을 설치하기 위해서 https://www.r-project.org를 입력하거나 검색사이트에서 CRAN을 찾아 바로 들어가도 된다. 해당 사이트에서 "download R"을 클릭하여 아래와 같은 설치 사이트로 이동한다. CRAN의 서버 위치는 각 나라별로 알려주는데 가까운 곳을 선택한다. 참고로 2024년 9월 현재 한국에는 1곳(영남대학교)의 CRAN 서버가 운영되고 있다.

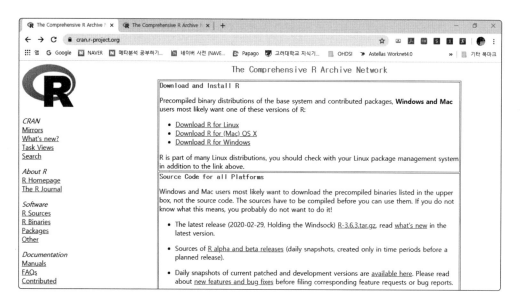

그림 1-1 R software 설치_운영시스템 선택

사용자의 PC 운영시스템(Linux, Mac, Window) 등에 따라 선택한(그림 1-1) 후 첫 사용자를 위한 base를 선택한다(그림 1-2).

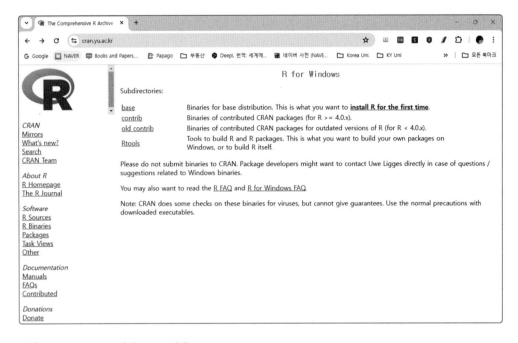

그림 1-2 R software 설치_base 선택

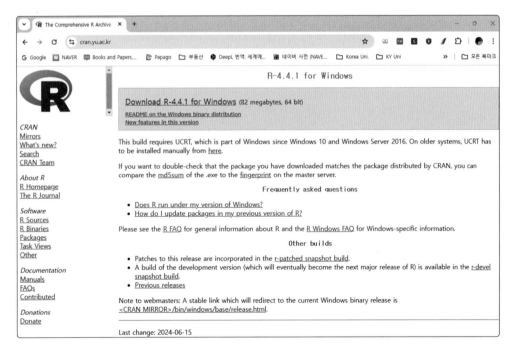

그림 1-3 R software 설치_실행파일 다운로드

"Download R 4.4.1 for Windows(82 megabytes, 64 bit)"를 클릭하여 설치를 진행한다. 2024년 9월 기준으로 현재 버전이 4.4.1이며 이후에 설치를 하시는 분들은 최신 버전을 설치하면 된다.

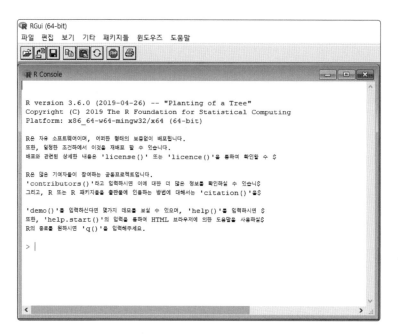

그림 1-4 R software 초기 실행화면

설치를 완료하고 R software를 실행시키면 (그림 1-4)와 같이 예전 MS-DOS 환경과 비슷한 느낌의 화면이 실행된다. 그러나 R base는 GUI(graphic user interface)를 지원하지 않고 명령어의 입력에 의해서만 결과가 출력되어 사용이 불편하다. 따라서 실제 프로그램의 실행은 지금 보이는 R software에서 이루어지지만 명령어의 입력과 결과의 출력은 통합개발환경(IDE, integrated development environment)인 R studio에서 이루어지도록 할 것이다.

1.2 R studio의 설치와 기본 설정

R studio의 홈페이지에서 https://rstudio.com/products/rstudio/download/를 클릭하여 들어가면 다양한 버전을 제공하는데 연구자에게는 free 버전만 해도 충분하다(그림 1-5). Free download를 클릭하여 본인에게 맞는 운영시스템에 따라 설치를 진행한다(그림 1-6).

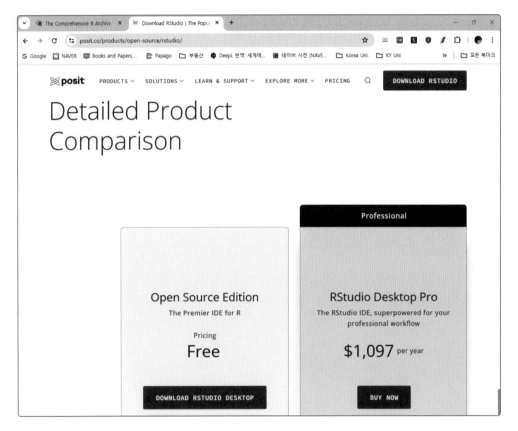

그림 1-5 R stuido 설치_Free 버전 선택

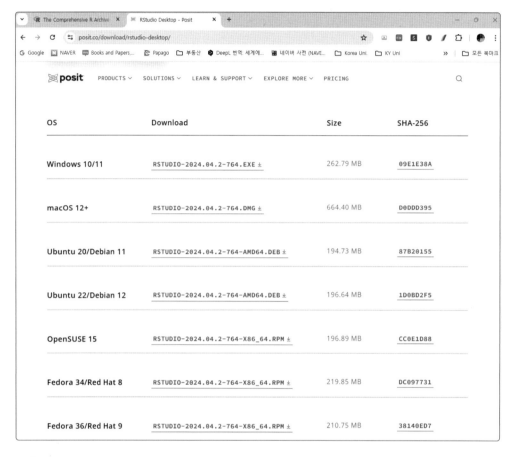

그림 1-6 R stuido 설치_운영시스템 선택

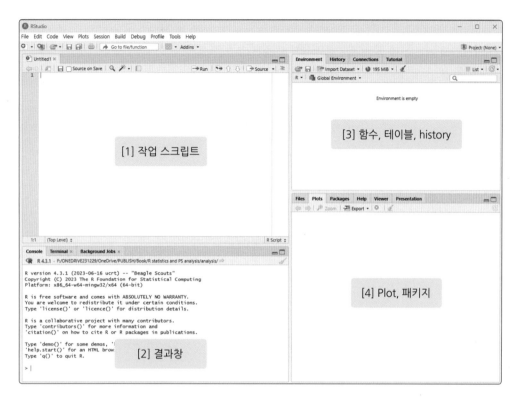

그림 1-7 R studio 초기 실행화면

 R studio는 통합개발환경(IDE, integrated development environment)으로서 작업환경을 보여주는 디스플레이 역할을 한다. R studio를 실행하면 화면이 크게 네 부분으로 나뉘어지는데 [1]은 작업을 하는 스크립트(script), [2]는 작업했던 결과들이 보여지는 결과창(console), [3]은 작업했던 명령어 history, 설정한 함수들, 그리고 R에서 사용하고자 로딩시킨 데이터들을 보여준다. 마지막으로 [4]에서는 출력 결과로서 그림(plot)이 보여지며 패키지에 대한 상세 설명들도 볼 수 있다(그림 1-7).

 현재 저자의 설치 환경은 R version 4.3.1을 기반으로 R studio Version 2023.06.1 Build 524에서 실시하였다.

R studio의 기본적인 화면을 이해한 다음 다양한 분석을 실행하다 보면 화면 설정의 대부분을 직관적으로 이해할 수 있을 것이다. 따라서 주요한 설정 몇 가지만 살펴보기로 하자.

제일 먼저 상단 메뉴바에서 〈Tools → Global Options〉에 들어가면 다음과 같은 전체 설정을 변경할 수 있는 메뉴가 나타난다.

먼저 General을 살펴보면 두 번째 Default working directory가 있는데 여기에서 R studio 전체 작업폴더(working directory)를 default로 설정할 수 있다(그림 1-8).

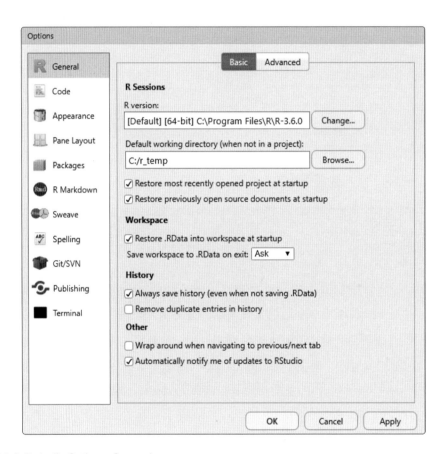

그림 1-8 R studio Options_General

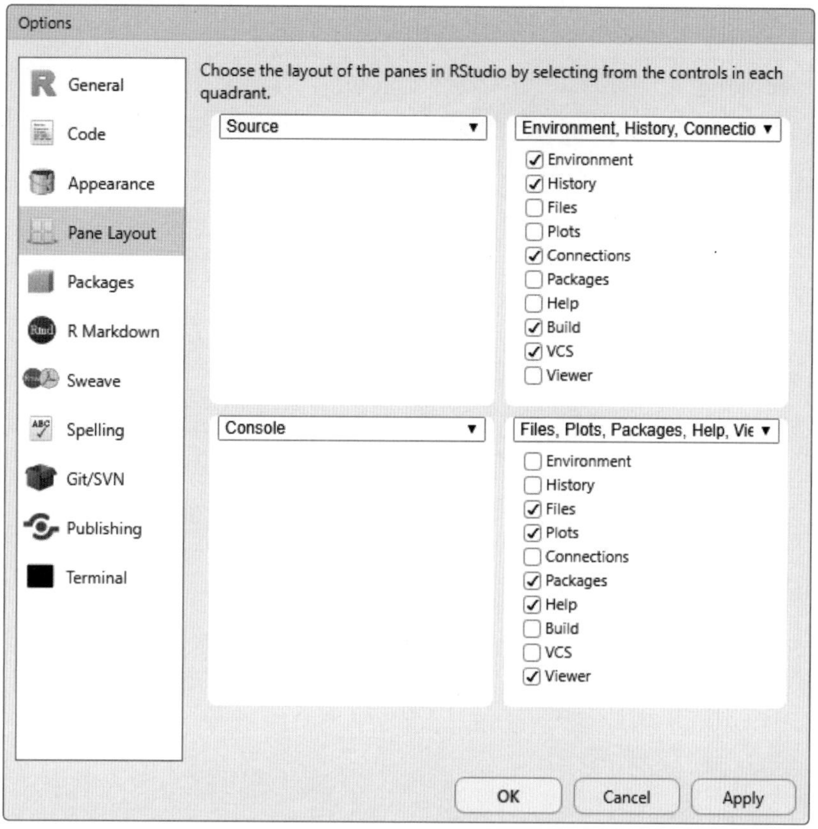

그림 1-9 R studio Options_Pane Layout

초기 네 개로 분할된 화면을 처음 설정된 것과 다르게 변경할 수도 있는데 이때는 Pane Layout에서 각각의 화면에 원하는 메뉴를 설정할 수 있다(그림 1-9). 참고로, 가끔 외부 강의를 하다 보면 빔 프로젝트의 하단이 잘려서 결과창이 안 보이는 경우가 있는데 이럴 때는 우상단의 Environment와 좌하단의 Console을 서로 바꾸어서 결과창이 위쪽에 배치되어 가독성을 높일 때 주로 사용한다(그림 1-9).

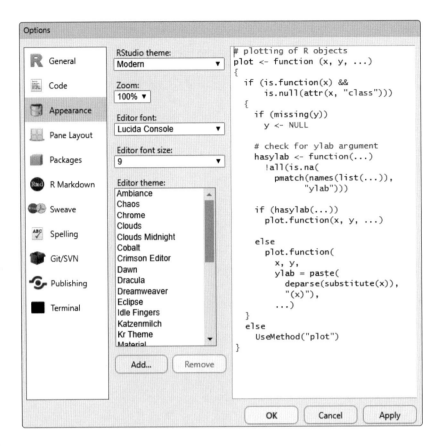

그림 1-10 R studio Options_Apperance

화면에 표시되는 에디터 테마, 글자의 크기, 폰트, 화면의 사이즈 등도 조절할 수 있다(그림 1-10).

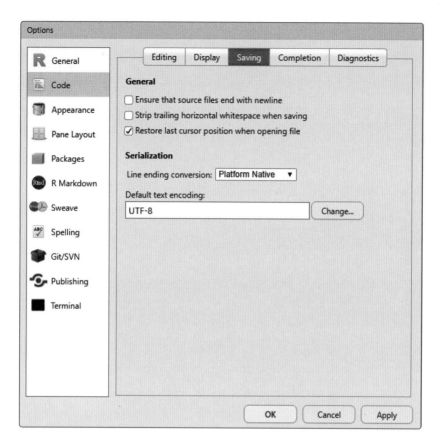

그림 1-11 R studio Options_Code

한글을 사용하는 연구자들에게 가장 중요한 설정이 Code에 해당하는 것이다. 윈도우에서 한글의 호환을 위해서 UTF-8로 변경하는 것을 권장한다. 만약 다른 encoding으로 설정된 경우(예, CP949: 확장된 EUC-KR 등) 다른 운영체제와 호환이 되지 않을 수 있다. 이를 해결할 수 있는 하나의 방법은 ⟨Tools → Global Options → Code → Saving⟩에서 Default text encoding의 Change를 클릭해서 UTF-8을 선택하면 된다(그림 1-11).

R studio 파일을 불러왔을 때 한글이 깨지는 경우는 위와 같은 방법으로 CP949, EUC-KR, UTF-8로 인코딩 옵션을 바꾸어 설정한 다음 R studio를 종료하고 다시 불러오기를 해보면 대부분 해결될 것이다.

R에서는 작업을 시작하기 전에 작업폴더(working directory)를 설정해 주면 전체 경로를 지정하지 않고 작업을 할 수 있다. 따라서 본 교재에서는 작업폴더를 지정하고 작업폴더 내에 필요한 데이터를 넣어두고 사용하도록 하겠다. 작업폴더를 설정하는 명령어는 다음과 같다.

```
> setwd("C:/r_temp")
```

예를 들어 C 드라이브 아래에 r_temp를 작업폴더로 지정한 것이다.

명령어로 작업폴더 지정이 번거로울 경우 아래 명령어를 실행하면 (그림 1-12)와 같이 GUI로 폴더 찾아보기가 생성되므로 수동으로 지정하여도 된다.

```
> setwd(choose.dir(getwd( ), "Choose a suitable folder"))
```

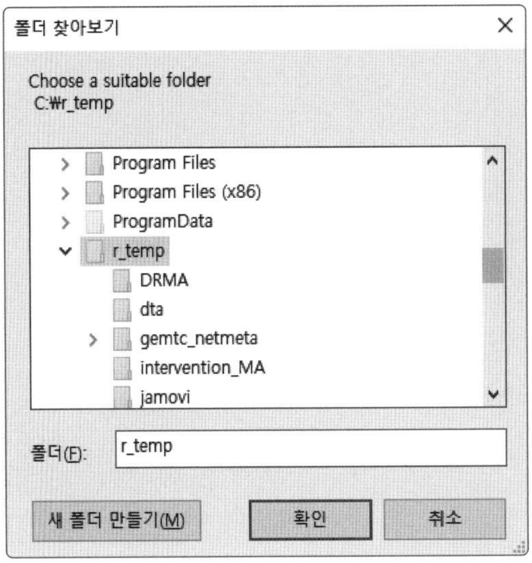

그림 1-12 R studio_작업폴더 지정

작업폴더가 잘 설정되었는지 확인하기 위해 getwd( )를 실행하면 결과창에 지정된 작업폴더를 표시해 준다.

```
> getwd( )
[1] "C:/r_temp"
```

그러나 저자가 추천하는 작업폴더 설정 방법은 데이터 파일과 R 스크립트 파일을 같은 폴더에 저장한 다음, 윈도우 프로그램에서 R studio를 실행하지 말고 해당 폴더 내에서 R 스크립트를 실행하여 자동으로 해당 폴더가 작업폴더로 지정되도록 하는 방법이다. 보다 상세한 작업폴더 지정 방법은 이어지는 챕터 내 데이터 전처리 (그림 2-5)에서 다루고 있으니 참고하기 바란다.

2

통계와 성향점수분석

데이터 다루기

2.1 R 프로그램의 특징

R 프로그램은 무료일 뿐만 아니라 분석 도구라는 관점에서 다양한 장점을 지닌다.

첫째, 인메모리컴퓨팅(in-memory computing) 기술을 이용하는데 기존 방식처럼 스토리지에 모든 데이터가 상주하는 방식이 아닌 필요로 하는 패키지와 데이터를 상황에 맞게 메모리에 입·출력시킴으로써 빠른 처리 속도를 보인다. 특히 빅데이터를 다루는 데 있어서 매우 유용하다.

둘째, 객체지향프로그래밍(object oriented programming)이 가능하다. 프로그래밍을 처음 접하시는 분들은 객체(object)라는 용어가 생소할 것이다. 그러나 "R에 존재하는 모든 것은 객체"이며 매우 중요한 개념이다.

규리 꾸러미

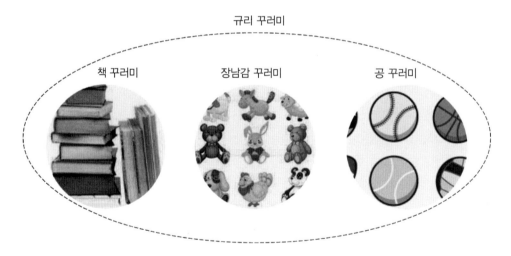

책 꾸러미   장남감 꾸러미   공 꾸러미

그림 2-1 객체지향

일반적으로 통계프로그램에서 지칭하는 데이터셋(dataset)이나 변수(variable)는 R 프로그램에서는 객체(object)라는 용어와 동일하게 사용된다. (그림 2-1)에서 책, 장남감, 공을 하나의 데이터 또는 변수라고 하고 어질러져 있는 규리의 방을 엄마가 깔끔하게 정리하였다고 가정하자. 토끼 인형, 곰돌이 인형 하나하나가 객체이며 이를 묶어 놓은 전체 장남감 꾸러미도 객체이며 더 나아가 규리 꾸러미도 객체라고 할 수 있다. 다시 말해, R에서는 다음 (표 2-1)

과 같은 일반적인 데이터셋도 객체이며, 데이터셋 내의 변수(id, x1, x2, x3, x4, x5, class 등)도 객체로 사용 가능하다.

표 2-1 데이터셋, 변수와 객체

id	x1	x2	x3	x4	x5	객체 x6	class
1	5.2	20	52	25.2	77.2	2	A
2	5.6	100	56	105.6	161.6	10	B
3	4	15	40	19	59	1.5	C
4	4.7	28	47	32.7	79.7	2.8	A
5	5.3	60	53 객체	65.3	118.3	6	A
6	4.8	128	48	132.8	180.8	12.8	A
7	5.7	50	57	55.7	112.7	5	A
8	6	25	60	31	91	2.5	B
9	6.2	105	62	111.2	173.2	10.5	B
10	6.3	20	63	26.3	89.3	2	B
11	6.8	33	68	39.8	107.8	3.3	C
12	5.2	65	52	70.2	122.2	6.5	C

천천히 R을 배우다 보면 이것의 의미를 점차 이해하게 될 것이다. R에서는 객체지향 프로그래밍을 함으로써 원자료의 데이터 포맷에 구속되지 않고 연구자가 필요로 하는 객체를 임의로 분리·생성·삭제 가능하기 때문에 다차원적인 분석이 가능하다.

셋째, 분석 도구가 패키지(package) 형태로 되어 있어 편의에 따라 다운로드해서 사용할 수 있다. 아마도 R을 처음 사용하시는 분들은 이것을 가장 큰 장점으로 생각할 것이다. 어떤 분석을 하기 위해 함수들을 묶어 놓은 집합체를 패키지라고 하는데 이를 무료로 쓸 수 있다는 것이다. 비교해서 설명하자면 SPSS처럼 정형화된 프로그램 형태로 제공될 경우, 새롭게 개발되어지는 분석 도구를 이용하기 위해서는 새로운 버전을 구입하여야 하지만 R에서는 새로운 분석 도구 패키지를 다운로드 받아서 사용이 가능하다. 예를 들어 성향점수분석을 위해서 R에서는 필요한 패키지는 "MatchIt"와 "survey"를 다운받아 사용하면 된다. 이처럼 R에서는 수많은 연구자와 개발자들이 자신이 필요로 하는 패키지를 개발하고 또 이를 무료로 공유하고 있기 때문에 일반 연구자들은 이를 잘 활용하면 된다.

넷째, R은 뛰어난 시각화(visualization) 결과물을 제공한다. R의 가장 큰 장점 중 하나이며 간단한 히스토그램에서부터 다양한 컬러의 복잡한 다차원 이상의 그래픽을 연구자가 직접 제작할 수 있다. 물론 뛰어난 시각화 결과물을 얻기 위해서는 그래프를 생성하는 문법을 익혀야 하는 수고로움은 있다. 그러나 이미 많은 연구자들이 이에 대한 예제와 명령어를 상세히 제공하고 있기 때문에 이를 그대로 따라해 보면 쉽게 재현해 낼 수 있다. 저자의 경우, 하버드 대학에서 제공하는 R 그래픽 tutorial과 개별 연구자의 그래픽 예제를 많이 참조하는 편이다(https://tutorials.iq.harvard.edu/R/Rgraphics/Rgraphics.html; http://r-statistics.co/Top50-Ggplot2-Visualizations-MasterList-R-Code.html).

Tip   **R studio 실행에서 오류가 나는 대부분의 경우**

- 윈도우 사용자 계정이 한글로 되어 있는 경우
- R studio가 관리자 권한으로 실행되지 않은 경우
- 대/소문자 구별, 띄어쓰기, 점, 콤마, 쌍따옴표, 외따옴표, 역슬레시(\ ), 슬레시(/) 등을 정확히 구분하지 않은 경우
- 조건부 등호(==)를 수식 등호(=)로 잘못 입력한 경우
- 특히 따옴표 모양이 글자 폰트 차이로 한글 폰트를 인식하지 못하는 경우가 있는데 이를 구별하는 방법은 폰트를 자세히 살펴보면 글자체가 다르고 많이 기울어졌을 있을 경우 <예, "(맞음).", "(틀림, 기울임이 심함)">.

Tip   **R studio에서 명령어 실행하기**

R studio에서 명령어를 실행시키는 방법은 크게 세 가지가 있다.

1. 좌하단 콘솔에 직접 명령어를 입력하고 Enter를 치면 실행된다(콘솔창에 직접 입력한 명령어 는 스크립트에 저장되지 않는다).

2. (특정 명령어 실행) 좌상단 작업스크립트에 실행하고자 하는 명령어 줄 아무 곳에나 커서를 놓 고 Run 아이콘 또는 Ctrl+Enter를 클릭한다(명령어 전체 한 줄이 실행된다).

3. (지정부분 명령어 실행) 좌상단 작업스크립트에서 실행하고자 하는 명령어만 마우스로 드래 그하여 블록 설정한 다음 Ctrl+Enter를 클릭한다(블록 설정된 명령어만 실행된다).

2.2 데이터의 유형(class)과 구조(structure)

R 데이터의 유형(class)에는 숫자형(numeric), 문자형(character), 범주형(factor) 등이 있다. 숫자형(numeric)은 단순 숫자의 형태이며, 문자형(character)은 숫자가 아닌 문자의 형태일 경우 character로 정의된다. 범주형(factor)일 경우 R에서는 factor라는 용어를 쓴다는 것을 주의하여야 한다(표 2-2).

표 2-2 데이터 유형(class)

기존 유형	전환 함수	전환 후 유형
Numeric	as.character( )	Character
Numeric	as.factor( )	Factor
Factor	as.character( )	Character
Factor	as.numeric( )	Numeric
Character	as.factor( )	Factor
Character	as.numeric( )	Numeric

각각의 유형에서 전환 함수를 쓰면 변환하고자 하는 유형으로 전환된다. 데이터의 유형에서 NA(not available)와 NULL이라는 특수한 형태가 있는데 NA는 값이 없음을 뜻함과 동시에 통계에서는 결측치(missing value)를 의미한다. 비슷한 개념으로 NULL 또한 아무것도 없음을 뜻하지만, NA가 메모리에 자기 자리는 있지만 아직 값을 못 채운 상태라면 NULL은 자리조차 배정받지 못했다고 보면 이해하기 쉽다. 따라서 데이터에서 특정 변수를 NULL로 지정하면 해당 객체는 지정되지 않은 상태가 되어 없어지게 된다.

R 데이터 구조(structure)에는 스칼라(scala), 벡터(vector), 행렬(matrix), 데이터프레임(dataframe), 배열(array), 리스트(list) 등 6개로 구분할 수 있다. 스칼라(scala)는 구성요소가 하나인 벡터로서 단순히 하나의 값을 뜻한다. 벡터(vector)는 R 데이터 구조의 가장 핵심으로서 구성 인자가 1개 이상이면서 1차원의 구조로 되어 있는데 바로 이 벡터들의 집합으로 R의 데이터는 이루어진다. 행렬(matrix)과 배열(array)은 동일한 유형(class)의 데이터가 2차원과 3차원 구조일 때를 뜻하지만 데이터프레임(dataframe)은 데이터의 유형(class)

에 상관없이 2차원 구조를 형성할 때를 나타낸다. 리스트(list)는 스칼라, 벡터, 행렬, 데이터 프레임, 배열 및 리스트까지 6가지 데이터 구조를 임의대로 묶어서 새로운 리스트를 지정할 수 있기 때문에 R 프로그램의 운용 폭을 확장시켜 주는 중요한 개념으로서 대부분의 패키지 (packages)는 리스트 형태로 이루어진다(그림 2-2).

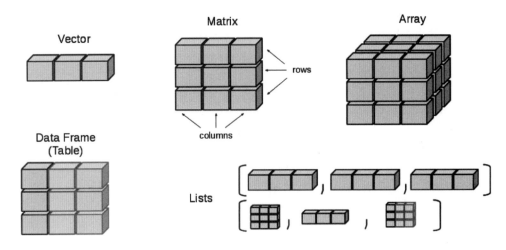

그림 2-2 데이터 구조(structure)

　여기에서 객체지향 프로그래밍이라는 개념을 다시 알 수 있다. 대부분의 통계프로그램들은 데이터프레임이라는 하나의 객체를 이용해서 분석을 실시하는 반면 R은 하나의 프로젝트 내에 다양한 객체를 동시에 다룰 수 있기 때문에 다차원적인 프로그래밍이 가능하다. 간단히 말하자면 엑셀 프로그램에서 시트(sheet) 하나만을 가지고 분석하는 것이 아니라, 여러 개의 시트를 동시에 만들 뿐만 아니라, 셀 하나의 값, 하나의 열과 행을 임의대로 독립적으로 분리할 수 있고, 심지어 이들을 리스트라는 하나의 덩어리로 묶어서도 분석할 수 있다.

2.3 함수와 패키지

1) 함수

R에서 쓰는 명령어는 대부분 함수로 되어 있다. 연구자가 본인에게 필요로 하는 새로운 함수를 만들 수도 있으나 기존의 함수를 잘 활용하는 것에 초점을 맞추도록 하겠다. 하나의 예제를 생각해 보자. 1에서 10까지 10개의 정수로 이루어진 벡터가 있으며 이것의 평균을 구해 보자. 물론 간단한 수식으로 이를 쉽게 계산할 수 있다. 1에서 10까지 합은 55이며 전체 데이터 개수는 10개이니 55/10=5.5가 될 것(sum, length를 활용)이다. 그런데 이렇게 데이터의 전체 합을 구한 다음 다시 전체 개수로 나누어 주는 두 번의 작업을 간단하게 한 번으로 할 수 있는 것이 바로 mean 함수이다. 이처럼 함수를 사용하면 수백 번의 연산까지 간단하게 할 수 있으며, R에서의 함수를 사용하기 위해서는 함수 이름과 이어지는 괄호 안에 해당 데이터 객체명을 넣으면 된다.

```
> data  <- c(1:10) #1, 2, ....10이라는 백터값을(정수) data라는 객체로 저장된다.
> sum(data) #data의 값을 모두 더하면 (1+2+……10) 55이다.
[1] 55
> length(data) #Data의 길이는 1~10까지 10이다.
[1] 10
> sum(data)/length(data) #함수들을 이용해서 평균을 구한다.
[1] 5.5
> mean(data) #mean이라는 함수 일종의 패키지로 평균을 구한다.
[1] 5.5
```

이와 마찬가지로 R에서의 패키지는 다양한 함수와 또 다른 패키지들을 종합해서 모듈 형태로 만들어진다. 앞에서 살펴본 length, sum, mean 함수는 모두 base 패키지 내에 존재하는 것으로 만약 base 패키지가 설치되지 않았다면 이 함수들을 사용할 수 없다. 이처럼 패키지는 함수들의 묶음이라고 할 수 있다.

R 프로그램에서 패키지를 사용하기 위해서는 패키지를 install(설치)하고 이를 사용하기 위해서 메모리에 loading(로딩)해야 한다. 처음 R을 설치하면 약 30여 개의 패키지가 자동으로 설치되며 이들은 베이스(base) 또는 표준(standard) 패키지로서 R의 기본 기능과 간단한 연산, 통계, 그래픽 함수들을 사용 가능하게 한다. 앞에서 살펴본 mean 함수는 base 패키지 내의 함수로서 자동으로 설치와 로딩이 된 것이므로 바로 사용하면 된다. 그러나 기본 패키지 이외의 패키지들은 별도의 설치와 로딩 과정을 거쳐야만 사용할 수 있다.

Tip 　　**도움말**

– 함수명을 알더라도 기능을 파악하지 못하면 어려움을 겪을 수 있으므로, R의 도움말 기능을 사용하여 함수의 기능을 파악할 수 있음
– 도움말을 활용하는 방법은 콘솔창이나 스크립트창에 다음과 같이 작성하여 확인이 가능함

```
? mean # 1
help(mean) # 2
help("mean") # 3
```

– 도움말은 인터넷이 연결되어 있어야 하며, 검색 시 다음과 같이 mean을 선택할 수 있으며, 앞의 base는 해당 함수가 속한 패키지명을 의미함

Search Results Ⓡ

도움말 페이지:

base::colSums	Form Row and Column Sums and Means
base::Dates	Date Class
base::DateTimeClasses	Date-Time Classes
base::difftime	Time Intervals / Differences
base::mean	Arithmetic Mean

2) 패키지

표준 패키지 이외에 개발자들이 만든 새로운 패키지는 R 코어팀에서 심사를 거쳐서 등재가 결정되면 소스코드는 CRAN(Comprehensive R Archive Network) 사이트에 올려지고 일반 연구자들은 이를 설치해서 사용할 수 있게 된다. 21,166개(2024년 9월 기준)의 패키지가 등록되어 있다. 참고로 CRAN을 통하지 않고 Github, FTP 등 다양한 경로를 통한 패키지까지 생각하면 R의 생태계 규모는 엄청날 것이다.

```
> dim(available.packages( )) #현재 가용 가능한 패키지의 개수를 볼 수 있다.
[1] 21644    17
```

패키지 설치와 이를 활용하는 방법을 살펴보자. 먼저, 현재 본인의 컴퓨터에 사용되고 있는 패키지를 확인하고 싶다면 search( ) 명령어를 이용하면 사용되는 패키지가 출력된다. 저자의 컴퓨터에서는 10개의 패키지가 사용되고 있다.

```
> search( )
 [1] ".GlobalEnv"          "tools:rstudio"       "package:stats"
 [4] "package:graphics"    "package:grDevices"   "package:utils"
 [7] "package:datasets"    "package:methods"     "Autoloads"
[10] "package:base"
```

이어서 패키지를 설치해 보자. 패키지 설치는 install.packagese("설치패키지명")으로 작성하여 설치한다. 설치된 패키지를 사용하기 위해서는 library 함수를 이용하여 메모리에 로딩시킨다. 여기서는 R 스크립트를 작성할 때 가장 많이 사용될 패키지인 dplyr를 설치 후, 메모리에 로딩해 보자('딥플라이어'라고 읽는다).

```
> install.packages("dplyr") #package가 아니라 복수형 packages이며 설치 시에는 패키
  지에 쌍따옴표를 표기해야 한다.
```

```
> library(dplyr) #설치된 패키지를 메모리에 로딩시킨다.
다음의 패키지를 부착합니다: 'dplyr'
The following objects are masked from 'package:stats':

    filter, lag
The following objects are masked from 'package:base':

    intersect, setdiff, setequal, union
```

메모리에 패키지를 로딩할 때는 library 또는 require 명령어를 사용하는데 거의 유사하므로 본 서에서는 library를 사용한다. search( ) 명령어를 다시 실행해 보면 현재 사용되고 있는 패키지는 이전보다 1개 추가되어 총 11개의 패키지가 로딩되어져 있으며, 두 번째에 dplyr 가 추가되어 있는 것을 확인할 수 있다.

```
> search( )
 [1] ".GlobalEnv"        "package:dplyr"     "tools:rstudio"
 [4] "package:stats"     "package:graphics"  "package:grDevices"
 [7] "package:utils"     "package:datasets"  "package:methods"
[10] "Autoloads"         "package:base"
```

해당 분석에서 더 이상 사용하지 않을 패키지는 메모리에서 내릴 수 있다. 이는 R의 장점 중의 하나인 인메모리컴퓨팅(in-memory computing)에서 설명한 것과 같다. 방법은 detach 함수를 이용하는 것이다.

```
> detach("package:dplyr") #메모리에 올려진 패키지를 메모리에서 내릴 때(해당 패키지 기능
  이 더 이상 필요없을 때)
```

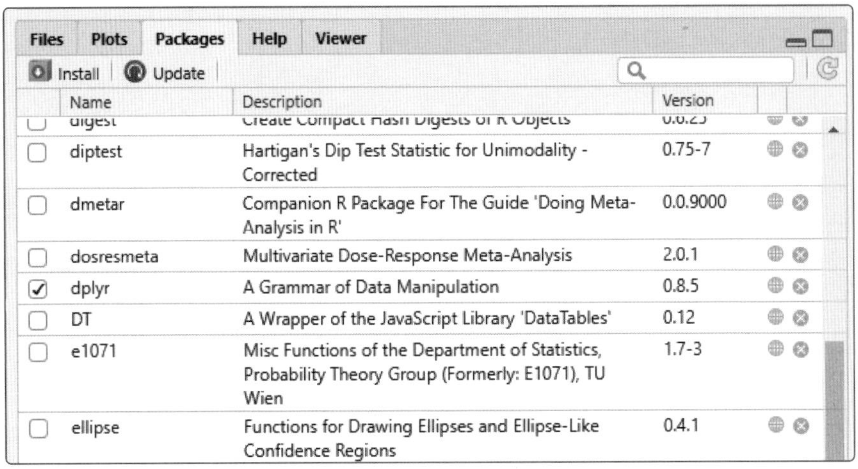

[그림 2-3] 데이터 구조(structure)

library( )와 detach( )는 R studio 우측 하단의 packages 탭에서 해당 패키지 dplyr의 네모 선택 버튼을 클릭하고 다시 해제하는 것과 동일하다(그림 2-3).

참고로 패키지를 install할 때는 패키지 이름 앞뒤로 쌍따옴표가 필요하고 library로 패키지를 로딩하거나 detach로 패키지를 내릴 때는 쌍따옴표 없이도 가능하다.

3) 함수 사용법

패키지가 정상적으로 설치된 후 (그림 2-3)처럼 해당 패키지가 설치된 것을 확인할 수 있다. 어떤 패키지는 패키지 이름 자체가 함수인 경우도 있으나 대부분의 패키지는 패키지 내에 여러 기능을 실행하는 다양한 함수들을 포함하고 있다.

데이터 전처리과정과 데이터 분석에서 충분히 다루어질 dplyr 패키지를 예로 들어 보자. dplyr를 클릭하면 패키지에 대한 상세 설명과 더불어 많은 함수들을 볼 수 있는데 그중에서 filter( ) 함수를 클릭해 보자.

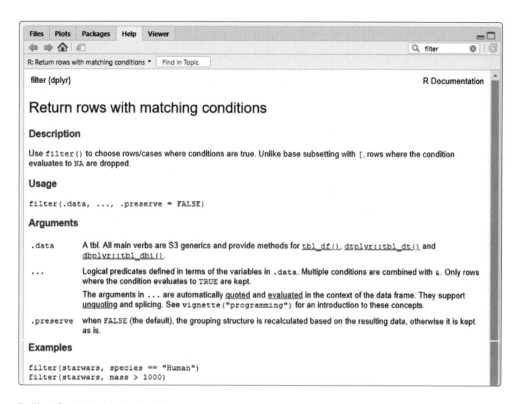

[그림 2-4] 함수 설명_filter in dplyr

(그림 2-4) 제일 첫 줄에 해당 함수의 이름과 중괄호 { }에 함수가 속해 있는 패키지의 이름이 나온다. 간단한 설명을 나타낸 description을 통해, filter( ) 함수는 조건문에 대하여 참에 해당하는 행과 열을 선택하는 함수임을 알 수 있다.

Usage에서 filter(.data, …,) 명령어를 볼 수 있는데 이것이 함수를 사용하는 사용법을 나타낸다. filter는 함수명이고, 괄호 안에 콤마로 구분되는 것을 인자(arguments)라고 하며 바로 이러한 인자들의 순서를 정리한 것이 함수의 사용법이다. 더불어 해당 인자들이 무엇인지에 대한 설명도 나온다. 해당 인자에 부합하지 않는 변수를 지정하거나 조건문을 설정하면 오류가 발생한다.

Usage와 Arguments를 하나씩 읽어보고 충분히 이해하고 따라 하다 보면 함수 사용보다 영문 해석과 개념 정리가 더 힘들어질 수 있다. 따라서 저자가 권고하는 것은 일단 해당 함수가 무엇인지 어렴풋이라도 알고 있다면 제일 하단에 Examples을 복사한 다음 R script에 붙여 놓고 하나씩 실행해 보는 것이다. 동일한 예제를 여러 번 반복 실행해 보면 금방 함수 사용법을 익히게 될 것이다.

참고로 예제(Examples)에 나와 있는 filter(starwars, species=="Human")를 해석하면 starwars라는 객체(데이터명)와 해당 객체 내의 변수 species의 값이 Human(값이 문자이므로 따옴표(" ") 안에 Human을 씀)일 경우의 케이스를 선택한다는 의미이다.

통계분석에서 R을 잘 사용한다는 의미는 데이터의 전처리와 더불어 데이터 분석에 이르기까지 적절한 함수와 패키지를 사용법에 맞게 잘 사용한다는 의미가 된다. 더욱 간략하게는 다양한 함수를 효율적으로 잘 사용하는 것이므로 함수의 사용법을 익히는 데 흥미를 가지고 본인의 것으로 소화할 수 있도록 잘 정리해 두는 습관이 필요하다. 따라서 해당 R 명령어에 대해 주석을 통해서 본인만의 코드에 대한 설명, 목적, 수정 이력 등을 기록하는 것이 중요하다.

2.4 데이터의 입력과 전처리

R에서의 모든 데이터는 객체(object)임을 다시 상기하면서 데이터를 입력하는 방법을 살펴보자. R에서 데이터를 입력할 때 객체는 데이터 자체일 수도 있고, 데이터 내의 변수일 수도 있다.

1) 데이터 입력

객체 공간에 특정 값을 넣기 위해서는 할당(assign)이라는 과정이 필요하며, 일반적으로 할당 연산자인 = 또는 <- 를 사용하는데 본 교재에서는 <- 를 사용한다.

참고로 해당 객체를 보기 위해서는 객체명을 입력한 후 Enter를 클릭하거나 또는 print(객체명)를 실시하면 결과창에서 확인할 수 있다. 만약 객체를 테이블 형태로 보려면 View(객체명)를 실시하면 작업스크립트에 새로운 테이블이 표시될 것이다.

```
> a <- 1 #1라는 숫자가 R 메모리 상에 A라는 객체로 저장된다.
> a
[1] 1
```

a라는 객체(변수)에 단순히 숫자 1을 할당했다. 이를 객체를 지정했다고도 표현하며 이 상태에서는 값이 하나인 벡터 즉, 스칼라 구조이다.

```
> b <- a + 10
> b
[1] 11
```

b라는 객체에 앞에서 지정한 객체 a에 10을 더하는 연산을 추가해서 지정할 수도 있다.

```
> x <- c("A", "B", "C") #c( )함수는 벡터를 나타내는 것으로 문자 A, B, C 문자들이 x라는 객체로
저장된다.
> x
[1] "A" "B" "C"
> y <- c(1, 2, 3) #c( ) 함수는 벡터를 나타내는 것으로 1, 2, 3라는 숫자들이 y라는 객체로 저장된다.
> y
[1] 1 2 3
```

값이 두 개 이상인 벡터를 만들기 위해서 c( ) 함수를 이용하는데 concatenate라는 영어의 앞 글자를 따온 것으로 두 개 이상의 값을 연결하는 기능이다. 변수 x에 문자 A, B, C를 할당하고, 변수 y에 숫자 1, 2, 3을 할당한다. 문자형 데이터를 입력할 경우 쌍따옴표(" ")로 문자를 둘러싸야 한다.

이번에는 자료 입력을 조금 더 효율적으로 입력해 보자. seq( )와 rep( ) 함수는 문법이 간단하고 자주 쓰이기 때문에 잘 익혀 두어야 한다. 줄을 내리지 않고 세미콜론(;) 처리한 것은 줄을 분리한다는 의미로서 명령어가 끝났다는 것이다.

```
> z <- seq(1, 10); z
[1]  1  2  3  4  5  6  7  8  9 10
> z <- c(1:10); z
[1]  1  2  3  4  5  6  7  8  9 10
> z <- seq(1, 10, by=2); z
[1] 1 3 5 7 9
> z <- rep(1, 5); z
[1] 1 1 1 1 1
> z <- rep(1:2, 3); z
[1] 1 2 1 2 1 2
> z <- rep(seq(1,10, by=2), 2); z
[1] 1 3 5 7 9 1 3 5 7 9
```

1에서 10까지의 숫자를 z라는 객체로 할당한다면 sequence라는 의미의 seq( ) 함수를 사용하여 시작과 끝 수치를 넣어 준다. 동일한 결과를 단순히 1:10로서도 얻을 수 있다. seq( ) 함수에 by 인자를 넣어 주면 간격을 조절할 수 있다. 예제에서 보듯이 1에서 10까지의 숫자를 2 간격으로 만들 수도 있다.

rep( ) 함수는 replicate라는 의미이며 값을 지정한 횟수만큼 반복해 준다. rep( ) 함수에 rep(1:2, 3)처럼 반복 인자 앞에 연속된 수치를 넣어 주면 해당 수치가 반복된다.

마지막으로 rep( )와 seq( ) 함수를 응용해서 객체를 만들 수도 있다. 위의 예제는 seq( ) 함수로 1에서 10까지 숫자 중 2 간격으로 값을 만든 후 이를 rep( ) 함수에 넣어서 2번 반복하라는 의미이다.

R에서의 모든 데이터는 벡터로 구성되는데 해당 값들은 각각 특정 위치를 지닌다. 바로 이 위치를 벡터의 인덱스(index)라고 부르며 [ ]을 써서 표현한다. 인덱스를 표현하는 [ ]는 프로그래밍 시에 매우 중요하기 때문에 개념을 정확히 이해해야 한다. [ ]를 사용하여 특정 값의 위치를 제어할 뿐만 아니라 조건문을 구성하는 논리 연산자로서도 사용 가능하다.

```
> x[1]
[1] "A"
> y[2]
[1] 2
```

x[1]은 벡터 x의 첫 번째 값을 반환하며, y[2]는 벡터 y의 두 번째 값을 반환한다. 벡터상에서는 행과 열이 존재하지 않기 때문에 단순히 하나의 위치 정보만 있으면 된다.

두 개의 벡터를 연결해서 새로운 벡터 또는 행렬을 만들 수 있으나 크게 활용되지는 않는다. 따라서 통계분석에 가장 많이 쓰이는 형태인 데이터프레임(dataframe)을 만들어 보자. 다양한 방법이 있지만 이미 만들어진 벡터를 이용해서 data.frame( ) 함수에 넣어서 데이터프레임을 만들 수 있다.

```
> A <- data.frame(x, y) #앞에서 할당한 x, y를 가지고 A라는 데이터 프레임을 만듦.
> A
  x y
1 A 1
2 B 2
3 C 3
```

앞에서 생성한 두 개의 벡터 x, y로 A라는 데이터프레임을 만들어 출력해 보면 행과 열을 가진 데이터프레임 형태임을 알 수 있다. 앞에서 설명한 [ ]를 사용해서 몇 가지 확인을 해보자.

```
> A[2, 1]
[1] "B"
Levels: A B C
> A[1, 3]
NULL
> A[1, 2]
[1] 1
```

데이터프레임 형태에서는 행과 열의 위치 정보를 통해 값을 추출할 수 있다. A[2, 1]은 데이터프레임 A의 2번째 행과 1번째 열에 해당하는 값으로 "B"를 반환한다. 이때 Levels: A B C는 A의 첫 번째 열에 해당하는 x는 벡터상에서는 문자형이었지만 데이터프레임으로 만들어질 때 범주형(factor)으로 구조가 자동으로 변경된 것으로 범주의 전체 level이 A B C 세 개가 있다는 것을 확인할 수 있다. A[1, 3]은 해당하는 값과 공간이 존재하지 않기 때문에 NULL을 보여주며, A[1, 2]는 해당 값 1을 반환한다.

행이나 열의 위치 정보만 입력해 주면 해당하는 위치의 행이나 열 전체를 반환한다. A[1,]은 데이터프레임 A의 1번째 행에 해당하는 A와 1을 반환한다. 이어서 A[, 2]는 데이터프레임 A의 2번째 열에 해당하는 1, 2, 3을 반환한다.

```
> A[1, ]
    x y
1 A 1
> A[ , 2]
[1] 1 2 3
```

데이터의 본격적인 수정은 이어지는 주제인 데이터 전처리에서 다룰 것이지만 여기서는 [ ]
의 개념을 보다 명확히 이해하기 위해 몇 가지만 더 살펴보자. 우선 A[2, 2]의 현재 값은 2인
데 이를 10으로 변경해 보자. A[2, 2] <- 10으로 간단하게 특정 위치의 값을 변경할 수 있다.

```
> A[2, 2] <- 10
> A
    x y
1 A 1
2 B 10
3 C 3
> A[1, 1] <- "D"
> A
      x   y
1 <NA>  1
2   B  10
3   C   3
```

그러면 A[1, 1]의 값이 "A"인데 이를 "D"로 바꾸려고 다음과 같이 명령어를 입력하면 해당
값이 NA 처리되면서 에러가 난다. 이것은 현재 A의 첫 번째 열 x가 문자형이 아니라 범주형
으로 할당되어 있기 때문이다. 따라서 우선 A의 x열을 문자형으로 변경한 다음 동일한 명령
어를 실행해야 한다.

```
> A$x <- as.character(A$x)
> A[1, 1] <- "D"
> A
   x  y
1  D  1
2  B  10
3  C  3
```

문자형으로 변경하는 함수는 as.character( )로서 여기에 해당 객체를 넣어서 이를 다시 할당한다. 참고로 데이터프레임 내의 개별 변수를 지칭할 때는 $ 연산자를 사용한다. A의 x변수를 지칭할 때는 A$x가 되므로 A[1, 1]은 결국 A$x[1]과 동일하다. 범주형을 문자형으로 변경한 다음 동일 명령어를 실행하면 A 데이터 내에 A[1, 1]이 잘 변경된 것을 알 수 있다.

동일한 객체 이름으로 덮어 쓰기 하면 기존 객체는 새로운 객체로 변경되며 더 이상 필요하지 않은 객체를 삭제하려면 rm( ) 명령어를 사용한다.

```
> rm(A) #특정 객체만 삭제
> rm(a, b, x, y, z) #여러 객체를 동시에 삭제
> rm(list=ls( )) #생성된 객체 모두 삭제함.
```

만약 전체 객체를 삭제하려면 Environment 창에 빗자루 모양의 아이콘을 클릭하거나 rm(list=ls( ))을 실행한다.

2) 데이터 전처리

데이터 전처리는 data preprocessing, data manipulation, data handling, data wrangling, data munging 등 여러 용어들이 있는데 필요에 따라 데이터를 분류, 추출, 분할, 합치 등의 변형을 나타낸다. 데이터 전처리에서부터 R 언어의 문법과 패턴을 이해해야 하며 시간 소요가 가장 많이 되는 구간이다. R이 익숙하지 않다면 엑셀과 같은 기존의 본인에게 능숙한 프로그램을 이용해서 데이터를 전처리한 후에 이를 R로 가져오는 것도 방법이 될 수 있

으나, 이왕 R을 배우기로 마음먹었다면 꼭 반복 실습을 통하여 본인 것으로 만드시는 것을 권한다. 본 서에서는 R을 프로그래밍을 위한 용도보다는 통계 분석 도구로써 활용하는 것을 목표로 하고 있기 때문에 비교적 사용이 용이한 함수를 위주로 설명하고자 한다.

(1) 데이터 불러오기

1장 마지막 부분에 작업폴더를 지정하는 방법을 설명하였다. 기본적으로 분석하고자 하는 데이터 파일이 작업폴더 내에 있어야 바로 불러오기가 가능하며 그렇지 않을 경우 해당 파일의 경로를 모두 써주어야 하는 불편함이 있다. 저자도 처음에는 작업폴더를 만들어서 모든 분석을 특정 작업폴더에서 실시하였으나 분석 대상 데이터(shim.csv)를 옮기는 번거로움을 피하고 기존에 만들어 놓은 폴더와의 연동을 위해서, 우선 R studio에서 작업스크립트를 생성 후 이를 확장자가 R인 R studio 파일로(R statistics and PS.R) 원래의 분석 대상 데이터가 있던 폴더에 저장하였다(그림 2-5).

R studio에서 파일을 저장할 때는 다양한 포맷으로 가능하지만, 위에서 설명한 것처럼 csv 데이터 파일과 작업스크립트 R 파일을 별도로 저장하고 보관하는 것을 권고한다. 그렇게 함으로써 데이터 파일은 다른 연구자들과 공유하며 수정할 수 있고 또한 분석 시에는 연구자가 작업한 스크립트 R 파일을 활용할 수 있다.

[그림 2-5] 작업폴더 내에 R studio 파일과 데이터 파일 저장하기

새로 저장한 R studio 파일(R statistics and PS.R)을 클릭해서 프로그램을 실행하면 작업폴더가 자동으로 현재의 폴더로 지정되어 따로 작업폴더 설정을 안 해도 되는 편리함이 있다. 작업폴더를 확인해 보면 현재 R studio 파일이 저장된 곳으로 지정되어 있다.

작업폴더 내에 분석할 데이터인 shim.csv가 저장되어 있는 것을 확인하고 데이터 불러오기를 한다.

```
> getwd( )
[1] "K:/200104/Korea Uni/PHD at graduate school of Medicine/Dr. Shim/publish/
Book/R statistics and PS analysis/analysis
```

```
> data <- read.csv("shim.csv",head=TRUE)
```

위 명령어는 shim.csv 파일을 불러와서 data라는 객체로 할당한다는 의미이며 head=
TRUE는 첫 번째 행은 변수 이름으로 사용하겠다는 의미이다.

R에서는 text에서부터 적합한 패키지를 설치할 경우 일반적인 엑셀, SPSS, STAT, SAS 등
대부분의 통계프로그램에서 사용되는 파일들을 불러올 수 있다. 그러나 모든 프로그램에서
도 가장 기본적인 파일 형태로 사용되고 있는 csv(comma-separated values) 형태를 사용
하는 것이 속도와 안정성 측면에서 권고되어진다.

불러온 shim.csv 파일이 제대로 입력되었는지 확인해 보자. 우선 간략히 우측 상단
Environment 창에 data라는 객체가 생성된 것을 확인할 수 있을 것이다. 해당 객체의 오른
쪽 끝을 보면 테이블 모양의 아이콘이 있는데 이를 클릭하면 (그림 2-6)을 보여준다.

이것을 동일하게 실행하는 명령어는 View( )이다.

```
> View(data) #V가 대문자임.
```

	id	gender	age	visit_hosp	disease_period	disease_score
1	1	0	75	0	0.1	10
2	2	1	72	0	0.1	21
3	3	0	77	0	0.1	22
4	4	0	52	1	0.1	20
5	5	0	68	0	0.2	14

[그림 2-6] View 명령어로 불러온 데이터 확인

Tip	엑셀 시트에서 블록 설정한 일부분만 불러오기

데이터를 불러올 때 파일 전체가 아닌 데이터의 일부분만 불러들일 때는 다음과 같이 실행한다.

– 엑셀 시트에서 특정 데이터를 블록 설정한 다음 복사(Ctrl+c)하여 메모리에 임시 저장시킨다.
– R studio에서 명령어 read.delim("clipboard") 함수를 이용해서 데이터를 불러온다.

```
> read.delim("clipboard")
  id gender age visit_hosp disease_period disease_score
  1      0   75          0            0.1            10
  2      1   72          0            0.1            21
  3      0   77          0            0.1            22
  4      0   52          1            0.1            20
  5      0   68          0            0.2            14
```

(2) 데이터 파악하기

본격적으로 데이터를 파악해 보자. 데이터의 유형과 분포가 어떤 형태를 나타내는지에 대해 전반적인 인식을 하는 과정이다. 데이터의 양이 많지 않을 경우 View( ) 명령어로 전체 테이블을 보아도 큰 무리는 없다. 그러나 데이터가 너무 많아서 육안으로 판단하기 힘들다면 요약된 통계 값과 도식화된 그래프를 보는 것이 훨씬 이해하기 쉽다.

우선 데이터의 앞과 뒷부분만을 샘플로 보기 위해서 head(data)와 tail(data)을 사용하였다.

```
> head(data) #데이터의 앞부분
  id gender  age  visit_hosp  disease_period  disease_score
1  1      0   75           0             0.1             10
2  2      1   72           0             0.1             21
3  3      0   77           0             0.1             22
4  4      0   52           1             0.1             20
5  5      0   68           0             0.2             14
6  6      1   71           0             0.2             15
> tail(data)  #데이터의 뒷부분
          id gender  age  visit_hosp  disease_period  disease_score
1799  1799       0   71           1              30             26
1800  1800       0   75           0              30             26
1801  1801       1   76           1              30             28
1802  1802       1   82           1              30             28
1803  1803       1   66           0              30             33
1804  1804       1   77           0              32             29
```

이를 확인해 보면 시작과 마지막 데이터로 유추해 보면 전체 데이터는 1,804개가 있으며 변수를 직접 세어보면 id에서 disease_score까지 6개가 있다는 것을 확인할 수 있다. 물론 동일한 결과를 벡터의 인덱스 data[1:6,]와 data[1799:1800,]로서도 읽을 수 있다.

데이터의 구조와 유형을 알아보기 위해서 str(data)을 사용하였다. str은 structure를 뜻하는 것으로서 데이터의 구조와 유형을 보여준다. 비슷한 명령어로 데이터의 유형을 보여 주는 class( ) 명령어도 있으니 참고하기 바란다.

```
> str(data) #데이터의 구조와 유형을 확인
'data.frame':     1804 obs. of  6 variables:
 $ id             : int  1 2 3 4 5 6 7 8 9 10 ...
 $ gender         : int  0 1 0 0 0 1 0 0 1 1 ...
 $ age            : int  75 72 77 52 68 71 80 83 43 43 ...
 $ visit_hosp     : int  0 0 0 1 0 0 0 0 1 1 ...
 $ disease_period : num  0.1 0.1 0.1 0.1 0.2 0.2 0.2 0.2 0.2 0.2 ...
 $ disease_score  : int  10 21 22 20 14 15 15 15 9 9 ...
```

결과를 살펴보면 data라는 객체는 데이터프레임 구조라는 것을 알 수 있으며 전체 관측
값(obs.)은 1,804개, 6개의 변수(variables)라는 것을 보여준다. 두 번째 줄부터 $ 표시로서
하위 객체(변수)에 대해서 알려주고 있는데 id, gender, age, visit_hosp, disease_score는
integer(정수) 그리고 disease_period는 numeric(소수점이 있는 실수) 유형임을 알 수 있
다. 그런데 여기서 gender, visit_hosp은 0과 1의 형태로 수치형 데이터로 보이지만 범주형
데이터일 수도 있다는 것을 유념해 두어야 한다. 다시 말해 gender와 visit_hosp는 데이터
입력 시, 단지 코딩의 편의를 위해 0과 1로 구분한 것이지 남성과 여성 그리고 병원 미방문과
방문이 수치적 차이를 뜻하지 않는다는 의미이다.

(3) 변수 조작하기

names( ) 함수를 이용해서 현재 data의 변수명이 무엇인지 확인해 보면 id부터 disease_
score 까지 6개의 변수이름이 출력된다.

```
> names(data)
[1] "id"              "gender"          "age"        "visit_hosp"
[5] "disease_period"  "disease_score"
```

■ 변수명 수정

예제 자료처럼 변수가 몇 개 되지 않을 경우 기본 패키지에서 제공하는 colnames( ) 함수를
사용해서 변수명 전체를 변경할 수 있다. 변수명 id를 patients로 바꾸어 보자. colnames( )

괄호에 객체명을 넣고 입력될 인자를 id 대신 patients를 넣어서 실행시킨다.

```
> colnames(data) <- c("patients", "gender", "age", "visit_hosp", "disease_
period", "disease_score")
```

그러나 변수가 많고 특정 변수만 변경할 때는 dplyr 패키지 내의 rename( ) 함수를 사용하는 것이 유용하다. names(data) 또는 View(data)로 확인해 보면 id가 patients로 변수명이 바뀌어 있는 것을 확인할 수 있을 것이다.

```
> library(dplyr) #dplyr를 메모리에 로딩한다.
> data <- rename(data, id=patients) #변수명 id를 patients로 변경한다.
```

rename( ) 함수를 이용할 때 주의할 점은 새 변수명=원래 변수명의 순서임을 유의한다.

■ 새로운 변수 만들기 : 변수 계산

R 프로그래밍에서 가장 많이 사용되는 새로운 변수를 생성하는 두 가지 방법을 살펴보겠다.

첫 번째는 R의 기본적인 문법을 활용하여 단순히 새로운 객체를 생성하는 것이다. 물론 새로운 객체를 별도로 만들어서 기존의 객체에 붙이는 함수인 cbind( ), rbind( ) 또는 merge( ) 등을 사용해서 생성할 수도 있다. 간단히 기존의 객체 내에 새로운 변수를 생성해 보자.

```
> data$a <- 1
> data$b <- data$age + data$disease_period
> data$a <- NULL ; data$b <- NULL #데이터내 변수 a, b를 삭제함.
```

기존 data 객체에 새로운 변수(벡터) a를 생성하는 데 값이 모두 1이 되도록 하는 것과 기존 변수 age와 disease_period의 합을 데이터 내 새로운 변수 b에 입력하였다. View(data)를 통해서 확인하면 새로운 변수 a와 b가 생성되었다는 것을 알 수 있다(그림 2-7). 생성된 변수를 삭제할 때는 해당 객체를 NULL로 할당하면 삭제된다. 물론 이 방법은 삭제한다기보다는 NULL로 객체를 할당하는 방법이지만 결과는 동일하다.

	patients	gender	age	visit_hosp	disease_period	disease_score	a	b
1	1	0	75	0	0.1	10	1	75.1
2	2	1	72	0	0.1	21	1	72.1
3	3	0	77	0	0.1	22	1	77.1

[그림 2-7] 새로운 변수 생성_기본 함수

두 번째 새로운 변수를 만드는 방법은 dplyr 패키지를 사용하는 것이다. 새로운 함수의 사용법을 익혀야 하는 수고로움은 있지만 상당히 효율적이고 범용성이 뛰어나기에 dplyr는 ggplot2 패키지와 더불어 R에서 자주 사용되는 패키지 중의 하나라고 생각된다. dplyr 패키지 내 함수 중 대표적인 것이 select, filter, mutate, group_by, summarise, arrange 등이 있으며 데이터 전처리와 데이터 분석 중 틈틈이 사용법을 소개할 것이다. dplyr 내의 함수를 사용할 것이기 때문에 최초 사용 시 library(dplyr) 함수로 메모리에 로딩시켜야 한다.

```
> data <- mutate(data, a=1)
> data <- mutate(data, a=1, b=age+disease_period, c=a+b)
```

mutate 함수에 첫 인자로 객체명을 넣고 새로 만들어질 변수에 특정 값 또는 연산을 만들어 준다. 결과는 R 기본적인 문법으로 만든 (그림 2-7)과 동일하다. 위 명령어를 자세히 살펴보면 mutate 함수로 data라는 객체에 있는 변수들을 활용한다. 물론 새로운 객체가 기존의 객체와 이름이 동일하기 때문에 data는 덮어 쓰기가 되어 변경된 것이다. mutate 함수의 장점은 한 번의 명령으로 여러 개의 객체 생성이 가능하며 새로운 변수 a와 b를 만듦과 동시에 새로운 연산 c도 생성 가능하다(그림 2-8).

	id	gender	age	visit_hosp	disease_period	disease_score	a	b	c
1	1	0	75	0	0.1	10	1	75.1	76.1
2	2	1	72	0	0.1	21	1	72.1	73.1
3	3	0	77	0	0.1	22	1	77.1	78.1

[그림 2-8] 새로운 변수 생성_mutate by dplyr

여기서 연구자의 사용성을 극대화하는 중요한 개념인 파이프연산자(pipe operator, % 〉 %, Shift+Ctrl+M)를 소개하도록 하겠다. 파이프연산자를 활용하면 매우 간결하고 직관적으로 프로그래밍할 수 있다.

> **Tip** dplyr 패키지
>
> – 우선 앞에서 살펴본 dplyr 패키지는 ggplot2와 함께 tidyverse 생태계 내에 속한다. 이 패키지들은 Hadley Wickham이라는 유명한 개발자가 만든 것으로 R에서 그래프 등을 시각화하는 문법 체계를 정리한 ggplot2 패키지와 데이터 전처리를 매우 쉽고 효율적으로 정리할 수 있도록 해주는 dplyr 패키지가 주요 생태계를 이룬다. 그의 Github repository를 (https://github.com/hadley?tab=repositories) 방문해 보면 방대한 양의 개발된 패키지들을 볼 수 있으며 인터넷 검색을 통해서도 이에 대한 많은 정보를 얻을 수 있을 것이다.

하나씩 예를 들어 보자.

```
> data <- data %>% mutate(a=1, b=age+disease_period, c=a+b)
```

파이프연산자 아래에 이어지는 함수들은 앞의 함수들에 계속 구속된다. 지금의 파이프연산자를 활용한 명령어는 앞서 실시한 data 〈– mutate(data, a=1, b=age+disease_period, c=a+b)와 동일한 결과를 나타낸다. 다만 문법을 살펴보면 처음 출발을 data에서 시작해서 파이프연산자(% 〉 %)를 거치면서 mutate( ) 함수만 사용하고 해당 인자들이 속해 있는 원래의 객체(여기서는 data)는 따로 표기하지 않아도 된다. 여기까지는 큰 매력이 없다.

```
> data.new <- data %>% mutate(a=1, b=age+disease_period, c=a+b) %>% filter(c>100)
```

그런데 여러 개의 함수를 응용하는 복합 연산을 실행할 때에는 매우 직관적이고 효율적이다. 조건에 맞는 변수 만들기에서 곧 사용하게 될 filter( ) 함수를 mutate( )와 같이 응용해 보자. 우선 위 명령어를 해석하면 객체 data에서 출발해서 data 내에 새로운 변수 a, b 그리고 c를 생성한 후 c의 수치가 100 이상인 case(행)들만 선택해서 새로운 객체 data.new에 할당한다는 의미이다(그림 2–9). 물론 새로운 객체가 아니라 기존의 객체(data)에 할당하면 덮어 쓰기가 되어 기존의 것은 사라지고 새것으로 변경될 것이다. 이처럼 하나의 파이프연산자뿐만 아니라 여러 개의 파이프연산자를 사용하여 보다 간결한 코딩이 가능하다.

	id	gender	age	visit_hosp	disease_period	disease_score	a	b	c
1	1512	1	93	1	7	13	1	100	101
2	1567	0	94	0	8	14	1	102	103
3	1728	0	91	0	14	19	1	105	106

[그림 2-9] 새로운 변수 생성_pipe operator by dplyr

■ 새로운 변수 만들기 : 조건문 활용

실제 데이터 분석 시 가장 많이 쓰이는 조건에 맞는 변수를 새로 만들어 보자. 현재의 데이터에서 연속형 변수인 disease_score를 두 개 그룹(범주) 0과 1 형태와 세 개 그룹(범주) mild, moderate, severe의 형태로 만들어 볼 것이다.

```
> data$disease_decision <- ifelse(data$disease_score<8,0,1) #2그룹
> data$disease_severity <- ifelse(data$disease_score<8,"mild",
     ifelse(data$disease_score<20,"moderate","severe")) #3그룹
```

조건문 변수 생성 시 가장 많이 쓰이는 함수는 ifelse( )이다. 괄호 안의 구성 인자를 보면 조건(formula), 조건이 참일 때의 값, 조건이 거짓일 때의 값을 넣어 주면 된다.

ifelse(조건식, 조건식이 참일 때 반환되는 값, 조건식이 거짓일 때 반환되는 값)

처음 문장은 disease_score가 8보다 작으면 0, 8보다 크다면 1을 넣어서 객체를 생성한 다음 이를 객체 data 내의 disease_decision이라는 새로운 변수로 할당한다. 두 번째 문장은 ifelse( ) 함수를 중첩하여 2개 이상의 범주로 세분화 가능하다. 즉, disease_score가 8보다 작으면 mild, disease_score가 8 이상인 값 중에서 20보다 작으면 moderate, 20보다 크다면 severe로 할당하기 위해서는 ifelse를 두 번 중첩해서 사용하면 된다(그림 2-10).

	patients	gender	age	visit_hosp	disease_period	disease_score	disease_decision	disease_severity
1	1	0	75	0	0.1	10	1	moderate
2	2	1	72	0	0.1	21	1	severe
3	3	0	77	0	0.1	22	1	severe

[그림 2-10] 조건에 맞는 새로운 변수 생성_pipe operator by dplyr

■ 데이터 연계 : rbind( )

데이터에서 아래쪽으로 행을 추가하거나 새로운 변수를 추가할 수 있다. 먼저, 데이터프레임에서 아래쪽으로 행을 추가하는 rbind( )를 살펴보자. 앞서 ifelse문을 활용하여 새로운 변수를 생성하였다. 여기서는 두 범주 만들기를 해보자. filter( ) 함수로 객체 data 내 disease_score가 8보다 작으면 mutate( ) 함수로서 새로운 변수 disease_decision에 0을 넣어서 새로운 객체 under8로 할당한다. 동일한 방법으로 8보다 클 경우 1을 넣어서 새로운 객체 over8에 할당한다. 이제 나뉘어져 있는 두 개의 객체 under8과 over8을 하나로 이어붙이기를 해서 새로운 객체를 만들어 보자. 변수(열)가 동일하므로 케이스(행)를 아래쪽으로 이어붙이는 rbind( ) 함수를 사용한다. 결과는 (그림 2-10)의 변수 disease_severity를 제외한 것과 동일하다.

```
> under8 <- data %>% filter(disease_score<8) %>% mutate(disease_decision = 0)
> over8 <- data %>% filter(disease_score>=8) %>% mutate(disease_decision = 1)
> data <- rbind(under8, over8)
```

단, 데이터프레임 간에 rbind( ) 함수를 이용해서 행을 추가적으로 연계할 때 각각 행의 이름이 동일해야 함을 주의하여야 한다.

조건에 맞는 새로운 변수 만들기에서 위치 정보를 표시하는 인덱스 [ ]를 활용한 것을 다루지 않았는데 이 또한 R 코드에서 많이 사용되고 있으므로 같이 알아보자.

동일하게 연속형 변수인 disease_score를 두 범주 0과 1 형태와 세 범주 mild, moderate, severe의 형태로 만들어 보자.

```
> under8 <- data[data$disease_score[ ]<8,]
> under8$disease_decision <- 0
```

조건문을 생성하는 가장 기초적인 방법으로 해당 수치들의 위치 정보를 활용해서 이를 제한할 수 있다. 객체 data 내의 행에서 disease_score가 8보다 작으면 이를 새로운 객체 under8로 할당한 다음 under8의 새로운 변수 disease_decision에 0을 넣어주면 (그림 2-11)이 만들어진다.

	patients	gender	age	visit_hosp	disease_period	disease_score	disease_decision
13	13	1	52	1	0.3	7	0
14	14	1	63	1	0.3	7	0
24	24	0	62	1	0.3	4	0

[그림 2-11] 인덱스를 활용한 새로운 변수 생성_under8

```
> over8 <- data[data$disease_score[ ]>=8, ]
> over8$disease_decision <- 1
```

마찬가지 방법으로 8보다 클 경우 새로운 객체 over8을 만든 다음 disease_decision에 1을 넣어주면 (그림 2-12)가 만들어진다.

	patients	gender	age	visit_hosp	disease_period	disease_score	disease_decision
1	1	0	75	0	0.1	10	1
2	2	1	72	0	0.1	21	1
3	3	0	77	0	0.1	22	1

[그림 2-12] 인덱스를 활용한 새로운 변수 생성_over8

이제 나뉘어져 있는 두 개의 객체 under8과 over8을 하나로 연결해서 새로운 객체를 만들어 보자. 변수(열)가 동일하므로 케이스(행)를 아래쪽으로 연결하는 rbind( ) 함수를 사용한다.

```
> data <- rbind(under8, over8)
```

결과는 (그림 2-10)의 변수 disease_severity를 제외한 것과 동일하다.

이번에는 세 범주의 객체를 각각 만든 후 이를 동일한 방법으로 rbind( )하는 명령어이다.

```
> mild <- data[data$disease_score[ ]<8, ]
> mild$disease_severity <- "mild"
> moderate <- data[data$disease_score[ ]>=8 & data$disease_score[ ]<20, ]
> moderate$disease_severity <- "moderate"
> severe <- data[data$disease_score[ ]>=20, ]
> severe$disease_severity <- "severe"
> data <- rbind(mild, moderate)
> data <- rbind(data, severe)
```

결과는 (그림 2-10)과 동일하다. 아마 여기까지 잘 이해하였다면 앞에서 설명한 ifelse( ) 함수와 dplyr 패키지가 얼마나 빠르고 효율적인지, 왜 개발자들이 더 유용한 패키지를 개발하려고 노력하는지 충분히 알 수 있을 것이다. 여러 줄에 나누어 코딩하고 많은 객체를 나누고 합치는 일련의 과정을 특정 함수 하나로 가능하다는 것은 연구자들이 충분히 이해할 만한 가치를 지닌다.

■ 데이터 연계 : cbind( )

데이터프레임에서 아래쪽으로 행을 추가하는 rbind( )와 더불어 열을 추가하는 함수 cbind( )를 조금 더 살펴보자. 현재의 객체 data에서 마지막 열에 환자 id를 역순으로 입력하고자 한다. 물론 더 간단한 방법이 많지만 데이터프레임에서 cbind( ) 함수 사용을 위한 예제를 살펴보자.

```
> r.id <- data.frame(r.id=c(1804:1))
> data <- cbind(data, r.id)
```

　변수 r.id에 숫자 1804부터 1까지 역순으로 입력한 다음 이를 데이터프레임 형태의 객체인 r.id에 할당한다. 그런 다음 cbind( ) 함수를 이용해서 기존의 객체 data와 새로 만든 r.id를 연결해서 새로운 객체를 data로 다시 할당한다(그림 2-13).

	patients	gender	age	visit_hosp	disease_period	disease_score	disease_decision	disease_severity	r.id
13	13	1	52	1	0.3	7	0	mild	1804
14	14	1	63	1	0.3	7	0	mild	1803
24	24	0	62	1	0.3	4	0	mild	1802

[그림 2-13] 데이터 연계_cbind

　단, 데이터프레임에서 cbind( ) 함수를 이용해서 열을 추가적으로 병합할 때 열의 길이가 동일해야 함을 주의하여야 한다.

■ 데이터 연계 : merge( )

앞선 cbind( )는 동일한 케이스(대상자)를 기준으로 데이터를 합할 수 없다. 동일한 케이스(대상자)를 기준으로 데이터를 연계하기 위해서는 케이스(대상자)를 구분하는 변수(키 변수)로 정렬되어야 한다. 그러나 merge( ) 함수를 이용하면 키 변수(기준 변수)를 중심으로 데이터를 병합할 수 있다.

m1

key	v1
a	3
b	1
c	4

m2

key	v2
a	2
c	1
e	7

m3

key	v1
a	3
c	4
e	7

[그림 2-14] 데이터 연계_merge

　(그림 2-14)에서 세 개의 데이터프레임 형태의 객체 m1, m2, m3를 예로 들어 보자.

```
> m1 <- data.frame(key=c("a", "b", "c"), v1=c(3, 1, 4))
> m2 <- data.frame(key=c("a", "c", "e"), v1=c(2, 1, 7))
> m3 <- data.frame(key=c("a", "c", "e"), v1=c(3, 4, 7))
```

우선 가장 많이 활용되는 것으로 기준 변수(key)와 합치고자 하는 변수(v1)가 동일한 경우를 살펴보자.

```
> merge(m1, m3, by=c("key", "v1"), all=T)
   key   v1
1   a    3
2   b    1
3   c    4
4   e    7
```

m1과 m3에서 변수 key가 일치하는 것은 a와 c이며 이는 변수 v1의 값이 중복되므로 하나만 표시되고 b와 e는 일치하지 않으므로 각각 표시된다. 옵션 all=T가 있어서 모두 표시된다.

```
> merge(m1, m3, by=c("key", "v1"))
   key   v1
1   a    3
2   c    4
```

만약 merge( ) 함수 내의 all=T라는 인자를 제외하면 변수 key가 일치한 a와 c만 합치고 일치하지 않은 값들은 제외된다.

이번에는 기준 변수(key)는 동일하지만 합치고자 하는 변수가 다른 경우(v1, v2)를 살펴보자.

```
> merge(m1, m2, by=c("key"))
   key   v1.x   v1.y
1   a     3      2
2   c     4      1
```

m1과 m2에서 변수 key가 일치하는 a와 c의 변수 v1과 v2가 모두 표시되지만 변수명은 제일 처음의 변수명 v1을 기준으로 자동으로 v1.x, v1.y로 변경된다. 물론 변수 key가 일치하지 않은 경우는 제외된다.

```
> merge(m1,m2,by=c("key"),all.x=T)
   key  v1.x   v1.y
1   a     3      2
2   b     1     NA
3   c     4      1
> merge(m1,m2,by=c("key"),all.y=T)
   key  v1.x   v1.y
1   a     3      2
2   c     4      1
3   e    NA      7
> merge(m1,m2,by=c("key"),all=T)
   key  v1.x   v1.y
1   a     3      2
2   b     1     NA
3   c     4      1
4   e    NA      7
```

    기준 변수 key가 일치하지 않아도 꼭 합치고자 하는 v1과 v2를 표시하고 싶을 때는 인자에 다음과 같이 옵션을 넣어준다. 예를 들어 merge( ) 함수의 처음 인자인 m1의 변수 v1을 꼭 표시하고 싶다면 all.x=T, 두 번째 인자인 m2의 변수 v2를 꼭 표시하고 싶다면 all.y=T, 그리고 기준 변수 key가 일치하지 않아도 모두 표시하고 싶다면 all=T를 넣어주면 된다.

■ 특정 조건의 행을 삭제/선택하기(결측치 처리하기)

저자의 경험에 비추어 보면 데이터 전처리에서 가장 간과되는 부분 중의 하나가 결측치(missing data)를 관리하는 것으로서, 실제 분석을 하다가 원인을 알 수 없는 오류들의 대부분은 부적절한 데이터 유형과 결측치에 대한 관리가 안 되었던 것으로 기억한다. 따라서 본격적인 데이터 분석에 들어가기에 앞서 다시 한번 데이터를 깔끔하게 정리하고 확인하는 습관이 필요하다.

    결측치를 포함하여 특정 조건에 부합하는 변수를 제거하거나 추출하는 실습을 해보자.

```
> M <- data.frame(x = c(1, 2, 3), y = c(0, 10, NA), z=c(NA, 1, 2))
> M
  x  y   z
1 1  0  NA
2 2 10   1
3 3 NA   2
```

데이터프레임 형태의 객체 M을 만든다. 객체 M은 세 개의 변수 x, y, z가 있다. 변수 y와 z 에는 각각 NA(결측치)를 가지고 있다.

```
> M %>% filter(x>1)
  x  y   z
1 2 10   1
2 3 NA   2
> M %>% filter(y==0)
  x  y   z
1 1  0  NA
> M %>% filter(z!=1)
  x  y   z
1 3 NA   2
> M %>% filter(x>1&y<=10)
  x  y   z
1 2 10   1
```

특정 조건문에서의 데이터를 선택해 보자. 객체 M 내의 변수 x가 1보다 큰 경우는 filter( ) 함 수에 x 〉 1 조건문을 넣으면 된다. 수식의 등호와 조건문의 등호를 구분하기 위해서 조건문에 서는 등호 두 개 "=="를 사용해서 같음을 표시한다(=은 할당 연산자이고, ==는 "같다"를 의 미하는 비교연산자이다). 예를 들어 y가 0일 경우는 y==0으로 표기한다. 또한 z가 1이 아닐 경우처럼 부정문일 때는 느낌표(!)와 등호(=)를 이어서 "!="를 부정 조건문으로 사용한다. 그 외 응용적으로 교집합 조건 x가 1보다 크면서 동시에 y가 10보다 작거나 같을 때는 "&" 를 이용해서 연결하며, 합집합 조건일 경우는 "|"(키보드 shift를 누른 상태에서 엔터 키 바로

위의 \)를 사용한다. 참고로 부등호와 등호를 동시에 표시할 때는 부등호 그리고 등호의 순서를 반드시 지켜야 한다.

```
> na.omit(M) #NA가 있는 모든 행이 삭제됨.
  x    y    z
2 2   10   1
> M %>% filter(is.na(z))   # 변수 z가 NA인 데이터만 출력
  x    y    z
1 1    0   NA
> M %>% filter(!is.na(z))   # 변수 z의 NA가 없는 데이터만 출력
  x    y    z
1 2   10   1
2 3   NA   2
> M %>% filter(!is.na(y)&!is.na(z)) # 변수 y&z의 NA가 없는 데이터만 출력
  x    y    z
1 2   10   1
```

통계 분석용 함수들은 데이터 내 결측치가 있을 경우 이를 제외하고 분석하는 옵션을 제공하기도 하지만 그렇지 않은 경우도 종종 있다. 그러면 다시 전처리 과정으로 돌아와서 수정해야 하는 번거로움이 있으므로 데이터 분석으로 들어가기에 앞서서 결측치 처리를 반드시 해주고 넘어가는 것을 권고한다.

na.omit( ) 함수는 객체 내에 있는 모든 NA를 제거한다. 이 함수는 유용하기도 하지만 결측값이 있지만 분석에 반드시 사용하고 싶은 변수가 있을 경우 이를 사용하지 않는다.

따라서 다양한 방법이 있지만 dplyr 패키지 내의 filter 함수를 사용하면 해당 변수의 취사선택을 쉽게 할 수 있다. 예를 들어 객체 M 내의 변수 z가 NA일 경우만 뽑는다면 is.na(z) 함수를 사용하면 된다. 참고로 is.na( ) 함수는 논리연산자로서 객체값이 NA일 경우 참(TRUE)과 거짓(FALSE)을 제시하기 때문에 is.na(z)가 참이라면 이를 반환하는 것이다. 만약 !is.na(z)라면 z가 NA가 아닐 경우만 반환한다. 마찬가지로 "&"와 "|"를 응용해서 조건문을 구성할 수도 있다.

특정 조건문에 부합하는 데이터를 선택할 때는 앞에서 학습한 바와 같이 위치 정보를 나타내는 인덱스 [ ]를 이용해서도 가능하다.

```
> M[M$x==2, ]
   x  y  z
2  2  10  1
> M[M$z>=1, ]
    x   y   z
NA  NA  NA  NA
2    2  10   1
3    3  NA   2
```

객체 M 내의 변수 x가 2일 경우와 변수 z가 1보다 크거나 같을 경우를 나타낸 것이다.

■ 결측치 처리하기(다중대입법)

결측치(missing data)를 단순히 제거하는 방법 이외에 이를 치환(imputation)하는 방법을 살펴보자. 결측치는 크게 세 가지로 분류된다(문건웅, 2015). 우선 결측치가 변수의 종류와 수치에 상관없이 전체에 걸쳐서 무작위로 나타나는 MCAR(missing completely at random)일 경우 전체 분석에 영향을 주지 않는다. 더불어 결측치가 특정 변수에서 발생은 하지만 누락된 이유와 값들이 어떤 방향성이 없다면 MAR(missing at random)으로 판단하여 다중대입법(multiple imputation)을 적용하여 완전한 수치로 치환할 수 있을 것이다. 그렇지만 만약 결측치가 특정 변수, 특정 증상과 관련이 있으며 결측치 자체가 어떤 방향성을 지닌다면 전체 결과를 왜곡시킬 수 있어서 치환(imputation) 방법을 적용하는 것은 바람직하지 못하다.

대부분의 통계프로그램들은 결측치를 MCAR로 전제하고 분석하는데, 전체 목록에서 결측치 삭제(listwise deletion) 또는 해당 변수에서의 결측치 삭제(pairwise deletion) 방법을 사용한다.

결측치 처리를 위한 다중대입법(multiple imputation) 또한 MCAR과 MAR을 전제로 하며 반복적인 시뮬레이션을 통해서 누락된 데이터를 채워 넣는 방법이다. 다중대입법에서 사용하는 알고리즘은 몬테카를로(Monte carlo) 시뮬레이션의 대표적인 방법인 깁슨샘플링(Gibbs sampling)을 이용해서 만들어진다. 몬테카를로 시뮬레이션은 특정 함수를 알 수 없

을 때 해당 모형에서 가정한 확률 분포에 따라 무작위 연산을 반복 수행하여 나온 결과로서
해당 함수를 추정할 때 사용하는 방법이다.

결측치 다중대입법의 대표적인 패키지로 mice가 있으며 예제 자료를 가지고 살펴보자.

```
> install.packages("mice")
```

해당 패키지가 필요하므로 설치를 진행한다.

```
> library(mice)
> data <- nhanes #[25, 4] 매트릭스에서 NA가 27개 존재함.
> cat <- c(rep(0.1, 7), NA, NA, 1, 0, 0, 1, NA, 1, 0, NA, 0) #이분형 벡터 생성
> data <- cbind(data,cat) #이분형 벡터를 기존 데이터 프레임에 붙임
> data$cat <- as.factor(data$cat) #이분형 벡터 범주선언
```

mice 패키지에서 제공하는 기본으로 제공하는 nhanes 데이터를 새로운 객체 data로 할
당한다. 이 데이터는 매트릭스 형태로서 NA가 27개 존재한다. 해당 데이터를 살펴보면 변
수가 age, bmi, hyp, chl이 있으며 age에는 NA가 없고, 나머지 변수에는 NA가 27개 존재
한다. 모두 연속형 자료이어서 범주형 자료도 확인할 수 있게 cat이라는 이분형 변수를 생성
한 다음 이를 기존 객체 data에 이어 붙여서 범주형임을 선언해 준다.

View(data)를 통해서 다시 확인해 보면 마지막 열에 변수 cat이 추가되었으며 전체 [25, 5]
매트릭스이며 31개의 NA가 있음을 알 수 있다(그림 2-15).

▲	age	bmi	hyp	chl	cat
1	1	*NA*	*NA*	*NA*	0
2	2	22.7	1	187	1
3	1	*NA*	1	187	0
4	3	*NA*	*NA*	*NA*	1
5	1	20.4	1	113	0
6	3	*NA*	*NA*	184	1
7	1	22.5	1	118	0
8	1	30.1	1	187	1
9	2	22.0	1	238	0
10	2	*NA*	*NA*	*NA*	1
11	1	*NA*	*NA*	*NA*	0
12	2	*NA*	*NA*	*NA*	1
13	3	21.7	1	206	0
14	2	28.7	2	204	1
15	1	29.6	1	*NA*	*NA*
16	1	*NA*	*NA*	*NA*	*NA*
17	3	27.2	2	284	1
18	2	26.3	2	199	0
19	1	35.3	1	218	0
20	3	25.5	2	*NA*	1
21	1	*NA*	*NA*	*NA*	*NA*
22	1	33.2	1	229	1
23	1	27.5	1	131	0
24	3	24.9	1	*NA*	*NA*
25	2	27.4	1	186	0

[그림 2-15] 결측치 다중대입법_NA by mice 패키지

md.pattern( ) 함수를 이용하면 결측치의 패턴을 확인할 수 있다. (그림 2−16)에서 파란색으로 표시된 것이 결측치를 나타낸 것이다. 우선 해당 데이터는 7개의 특정 패턴이 있으며, 각각의 변수에서 age, cat, hyp, bmi, chl 각각에서 0, 4, 8, 9, 10개의 결측치가 있으며 전체 31개를 확인할 수 있다.

```
> md.pattern(data)
```

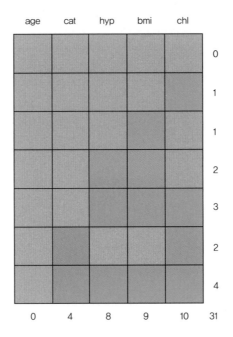

[그림 2-16] 결측치 다중대입법_NA pattern by mice 패키지

```
> imp <- mice(data)


iter imp variable
1   1   bmi   hyp   chl   cat
1   2   bmi   hyp   chl   cat
1   3   bmi   hyp   chl   cat
1   4   bmi   hyp   chl   cat
1   5   bmi   hyp   chl   cat
2   1   bmi   hyp   chl   cat
2   2   bmi   hyp   chl   cat
2   3   bmi   hyp   chl   cat
2   4   bmi   hyp   chl   cat
2   5   bmi   hyp   chl   cat
3   1   bmi   hyp   chl   cat
3   2   bmi   hyp   chl   cat
3   3   bmi   hyp   chl   cat
3   4   bmi   hyp   chl   cat
```

```
3    5    bmi    hyp    chl    cat
4    1    bmi    hyp    chl    cat
4    2    bmi    hyp    chl    cat
4    3    bmi    hyp    chl    cat
4    4    bmi    hyp    chl    cat
4    5    bmi    hyp    chl    cat
5    1    bmi    hyp    chl    cat
5    2    bmi    hyp    chl    cat
5    3    bmi    hyp    chl    cat
5    4    bmi    hyp    chl    cat
5    5    bmi    hyp    chl    cat
> imp
Class: mids
Number of multiple imputations:    5
Imputation methods:
     age      bmi      hyp      chl      cat
      ""    "pmm"    "pmm"    "pmm"  "logreg"
PredictorMatrix:
     age  bmi  hyp  chl  cat
age    0    1    1    1    1
bmi    1    0    1    1    1
hyp    1    1    0    1    1
chl    1    1    1    0    1
cat    1    1    1    1    0
> data.noNA <- complete(imp) #[25, 5] 매트릭스에서 NA가 모두 대체됨.
```

mice( ) 함수에서 default로 5회의 시뮬레이션 채널을 생성하는데 옵션에서 이를 조절할 수 있다. 시뮬레이션의 세부 속성을 살펴보기 위해서 mice( ) 함수에서 할당한 imputation 객체를 살펴보면 연속형 변수인 age, bmi, hyp, chl은 pmm(predictive mean matching), 이분형 변수는 logreg(logistic regression) 방법이 쓰인 것을 확인할 수 있다.

마지막으로 complete( ) 함수를 이용하여 결측치가 없는 새로운 객체 data.noNA를 할당하는데, complete( ) 함수에 imp을 넣어주면 NA가 있던 자리에 시뮬레이션으로 생성된 수치로 치환된 것을 알 수 있다(그림 2-17).

	age	bmi	hyp	chl	cat
1	1	28.7	1	187	0
2	2	22.7	1	187	1
3	1	28.7	1	187	0
4	3	20.4	1	131	1
5	1	20.4	1	113	0
6	3	21.7	2	184	1
7	1	22.5	1	118	0
8	1	30.1	1	187	1
9	2	22.0	1	238	0
10	2	28.7	1	186	1
11	1	27.2	1	187	0
12	2	26.3	2	229	1
13	3	21.7	1	206	0
14	2	28.7	2	204	1
15	1	29.6	1	187	0
16	1	33.2	2	186	0
17	3	27.2	2	284	1
18	2	26.3	2	199	0
19	1	35.3	1	218	0
20	3	25.5	2	204	1
21	1	27.2	1	187	0
22	1	33.2	1	229	1
23	1	27.5	1	131	0
24	3	24.9	1	184	1
25	2	27.4	1	186	0

[그림 2-17] 결측치 다중대입법_imputation by mice 패키지

데이터 전처리를 하면서 쌓아 놓았던 객체들을 모두 삭제하자.

```
> rm(list=ls( )) #DF 생성된 객체 모두 삭제함.
```

R studio 우측 상단의 Environment 창에서 빗자루 아이콘을 클릭하거나 rm(list=ls( ))를 실행하면 모든 객체가 지워진다.

3

통계와 성향점수분석

데이터 분석하기

연구자가 분석하려는 데이터는 데이터 입력과 전처리 과정을 통해서 통계분석에 용이한 형태로 바뀌었을 것이다. 특히 결측치 처리가 적절하게 이루어졌는지와 해당 변수가 연구자의 가설에 적합한 유형과 구조인지 다시 한번 살펴볼 것을 권한다.

데이터 분석하기에서는 특정 통계 방법에 적합한 패키지에 속한 함수에 적절한 인자(arguments)를 입력해서 실행한 다음 도출된 결과를 읽고 설명하는 것이다. 따라서 앞에서 실습해 온 패키지와 함수의 사용법을 제대로 익힌 연구자라면 누구나 분석결과를 만들 수 있을 것이다.

3.1 데이터 요약 통계량

예제 데이터는 앞에서 사용한 shim.csv를 사용한다. 먼저, shim.csv에 새로운 변수를 생성하고 진행해 보자. 변수 "disease_score"를 2개의 구간으로 나눈 수치로 작성된 범주형 변수와 3개의 구간으로 나눈 문자로 작성된 범주형 변수를 생성한다. 여기서 변수 disease_decision는 2개 범주, disease_severity는 3개 범주를 만들어 사용하도록 한다.

```
> data <- read.csv("shim.csv", head=TRUE)
> data$disease_decision <- ifelse(data$disease_score<8, 0, 1)
> data$disease_severity <- ifelse(data$disease_score<8, "mild",
    ifelse(data$disease_score<20, "moderate", "severe"))
```

1) 데이터 구조 파악

먼저, str( ) 함수를 이용해서 현재 데이터의 유형과 구조를 파악해 보자. disease_severity는 범주형이 아니라 문자형이며 나머지 모든 변수가 수치형으로 되어 있는 것을 알 수 있다.

70

```
> str(data)
'data.frame':        1804 obs. of  8 variables:
 $ id               : int  1 2 3 4 5 6 7 8 9 10 ...
 $ gender           : int  0 1 0 0 0 1 0 0 1 1 ...
 $ age              : int  75 72 77 52 68 71 80 83 43 43 ...
 $ visit_hosp       : int  0 0 0 1 0 0 0 0 1 1 ...
 $ disease_period   : num  0.1 0.1 0.1 0.1 0.2 0.2 0.2 0.2 0.2 0.2 ...
 $ disease_score    : int  10 21 22 20 14 15 15 15 9 9 ...
 $ disease_decision : num  1 1 1 1 1 1 1 1 1 1 ...
 $ disease_severity : chr  "moderate" "severe" "severe" "severe" ...
```

2) 데이터 시각화

R에서 데이터의 시각화는 표준 패키지 내 plot( ), boxplot( ), hist( ), curve( ) 등 함수와 ggplot2 패키지 내 ggplot( ) 함수가 많이 사용된다. 모두 자주 사용되는 중요한 함수로서 R 을 이용하는 연구자들은 기본적으로 이들 함수의 사용에 익숙해져야 한다. 특히 ggplot2는 고급 그래픽을 구현하기에 뛰어난 문법과 확장성으로 R에서의 그림 체계를 다루는 매우 중요 한 패키지이다.

연속형 수치인 age, disease_period, 그리고 disease_score를 도식화해 보자.

```
> hist(data$age)
> hist(data$disease_period)
> hist(data$disease_score)
```

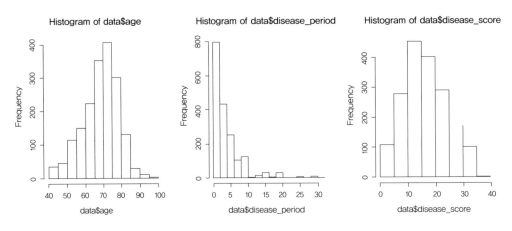

[그림 3-1] 데이터 도식화_히스토그램

hist( ) 함수에 보고자 하는 객체를 넣으면 히스토그램으로 데이터의 전체 분포를 한눈에 파악할 수 있다. 최소값과 최대값을 가늠할 수 있으며 age와 disease_score는 나름 정규분포를 보이고 있지만 disease_period의 경우 10개월 이하에 대부분의 데이터가 집중되어 있는 것을 확인할 수 있다(그림 3-1).

3) 데이터 수치로 요약하기

summary( ) 함수를 통해 해당 데이터의 전반적인 현황을 볼 수 있다.

```
> summary(data)
       id             gender           age          visit_hosp    disease_period
 Min.   :   1.0   Min.   :0.0000   Min.   :40.00   Min.   :0.0000   Min.   :  0.10
 1st Qu.:  451.8   1st Qu.:0.0000   1st Qu.:63.00   1st Qu.:0.0000   1st Qu.:  1.00
 Median :  902.5   Median :1.0000   Median :70.00   Median :1.0000   Median :  3.00
 Mean   :  902.5   Mean   :0.5006   Mean   :69.02   Mean   :0.7129   Mean   :  4.16
 3rd Qu.: 1353.2   3rd Qu.:1.0000   3rd Qu.:76.00   3rd Qu.:1.0000   3rd Qu.:  5.00
 Max.   : 1804.0   Max.   :1.0000   Max.   :96.00   Max.   :1.0000   Max.   : 32.00

 disease_score   disease_decision  disease_severity
 Min.   :  0.00   Min.   :0.0000   Length :1804
 1st Qu.: 11.00   1st Qu.:1.0000   Class :character
 Median : 16.00   Median :1.0000   Mode  :character
 Mean   : 16.93   Mean   :0.8941
 3rd Qu.: 22.00   3rd Qu.:1.0000
 Max.   : 39.00   Max.   :1.0000
```

만약 특정 변수만을 보려면 summary(data$age)처럼 데이터명과 변수명 사이에 $를 넣어서 확인할 수 있다. 이외에 mean(data$age); sd(data$age) 등을 직접 확인하는 함수도 있다.

상위 객체명을 일일이 쓰고 싶지 않을 때는 attach(data)로 선언해 주면 이후부터는 'data$'가 자동으로 인식되어 변수명을 바로 사용할 수 있어 코딩이 수월해지지만 여러 객체를 동시에 사용할 때는 어떤 데이터에서 나온 변수인지 혼돈스럽고, 사용이 끝난 후 detach를 선언해야 하는데 종종 detach 없이 계속 코딩을 하다 보면 분명 프로그램상 오류는 없는데 결과가 상이가 경우가 더러 있어서 조금 번거롭더라도 객체명과 변수명을 일일이 써주는 것을 저자는 권고하는 편이다.

summary( ) 함수에서 나온 age를 예로 들면 평균은 69.02, 최소값 40, 최대값 96 외에도 1사분위수, 3사분위수와 중위수 등의 분위수도 알 수 있다.

그렇다면 범주형 변수로 여겨지는 gender와 vistit_hosp를 살펴보자. table( ) 함수를 이용해서 해당 데이터의 빈도수를 확인할 수 있다.

```
> table(data$gender)

    0     1
  901   903
> table(data$visit_hosp)

    0     1
  518  1286
```

gender는 0(여성)과 1(남성)의 빈도수가 각각 901과 903이며, 병원 방문을 나타내는 변수인 visit_hosp는 0(미방문)과 1(방문)이 518과 1,286임을 알 수 있다. 또한 이 두 변수의 빈도수를 2*2 테이블 형식으로 확인할 수도 있다.

```
> table(data$gender, data$visit_hosp) #2*2 table

        0     1
  0   269   632
  1   249   654
```

이때의 행은 gender이며, 열은 visit_hosp이다. 즉, 여성이면서 병원 미방문자는 269이며, 남성이면서 병원 방문자는 654라는 것을 알 수 있다.

우리가 통계분석을 하기 위해서는 통계 수치의 계산과정을 잘 이해하고 결과의 해석도 잘 해야 하지만 이러한 과정을 진행하기 위해 수집되는(우리가 얻게 되는) 자료의 특성을 잘 이해할 필요가 있다. 우리가 얻을 수 있는 자료는 우선 수적 의미 유무에 따라 구분할 수 있다.

• 양적 자료(quantitative data) : 관찰값이 수적 의미를 갖고 있다.
• 질적 자료(qualitative data) : 관찰값이 수적 의미가 없이 범주만을 나타낸다.

주로 양적 자료는 summary( )를 이용해 평균, 표준편차 등의 기술통계량을 확인하게 되고, 질적 자료는 table( )을 사용해 빈도를 확인하게 된다.

Tip **dplyr를 이용한 집단별 요약하기**

변수 중 gender, visit_hosp, 그리고 disease_severity는 범주형 변수로서 factor( ) 함수를 이용하여 범주형으로 변경해 놓아야 추후 분석이 용이하다. 만약 숫자형으로 두면 연속형으로 판단해서 수치의 평균을 표시하며 범주형에서 보고해야 하는 빈도를 표시하지 않는다.

```
> data$gender <- as.factor(data$gender)
> data$visit_hosp <- as.factor(data$visit_hosp)
> data$disease_severity <- as.factor(data$disease_severity)
> str(data)
'data.frame':      1804 obs. of  8 variables:
 $ id               : int  1 2 3 4 5 6 7 8 9 10 ...
 $ gender           : Factor w/ 2 levels "0","1": 1 2 1 1 1 2 1 1 2 2 ...
 $ age              : int  75 72 77 52 68 71 80 83 43 43 ...
 $ visit_hosp       : Factor w/ 2 levels "0","1": 1 1 1 2 1 1 1 1 2 2 ...
 $ disease_period   : num  0.1 0.1 0.1 0.1 0.2 0.2 0.2 0.2 0.2 0.2 ...
 $ disease_score    : int  10 21 22 20 14 15 15 15 9 9 ...
 $ disease_decision : num  1 1 1 1 1 1 1 1 1 ...
 $ disease_severity : Factor w/ 3 levels "mild","moderate",..: 2 3 3 3 2 2 2 2 2 2 ...
```

범주형으로 변경한 다음 다시 데이터의 구조와 유형을 확인해 보니 gender, visit_hosp, 그리고 disease_severity는 범주형으로 잘 변경된 것을 확인할 수 있다.

disease_decision의 경우 범주형 변수이어서 동일하게 범주형으로 변경할 수도 있지만 어차피 0과 1의 이분형이며 분석의 최종단계인 로지스틱 회귀분석에서 종속변수로 사용할 것이어서 굳이 현재 단계에서는 변경하지 않아도 무난하다. 이렇듯 연구자는 데이터를 분석할 때 개별 변수들의 유형과 특성에 관해 전체적인 윤곽을 파악하고 있어야 한다.

처음 데이터를 불러왔을 때와 비교해 보면 gender는 integer에서 factor로, visit_hosp는 integer에서 factor로, disease_severity는 character에서 factor로 각각 변경된 것을 확인할 수 있다.

본격적으로 통계량을 확인해 보자. 집단별 객체를 분리해서 요약 통계량을 볼 수도 있지만 dplyr 패키지와 파이프연산자(pipe operator, %>%, Shift+Ctrl+M)를 이용해서 전체 데이터 상태에서 살펴보자.

메모리에 dplyr 패키지가 로딩이 안 되어 있다면 library(dplyr)로 로딩을 하는 것을 잊지 말아야 한다.

먼저 disease_decision에 따라서 disease_score가 어떤지 살펴보자.

```
> data %>%
+  group_by(disease_decision) %>%
+  summarise(n=n( ), mean=mean(disease_score), sd=sd(disease_score))
# A tibble: 2 × 4
  disease_decision      n   mean     sd
           <dbl>  <int>  <dbl>  <dbl>
1               0    191   4.68   2.13
2               1   1613   18.4   6.83
```

명령어 앞에 '+' 표시는 R studio 콘솔에서 명령어가 끊어진 것이 아니라 이어지고 있다는 것을 나타내는 것으로 실제 명령어 입력 시 이를 넣지 않도록 한다.

파이프연산자를 따라서 하나씩 해석해 보자. data에서 출발해서 disease_decision에 따라서 그룹별로 나눈 다음, summarise( ) 함수를 이용해서 요약 통계량을 보여주는데 disease_score의 표본수(n=n( )), 평균(mean=mean( )), 그리고 표준편차(sd=sd( ))를 보여준다. 여기서 n=n( )은 앞의 n은 콘솔에 표기할 세로축의 이름을 나타내며 임의로 변경 가능하며 뒤의 n( )은 함수를 나타낸다.

다음으로 disease_decision과 gender를 동시에 고려해서 요약 통계량이 어떻게 되는지 살펴보자.

```
> data %>%
+  group_by(disease_decision, gender) %>%
+  summarise(n=n( ), mean=mean(disease_score), sd=sd(disease_score))
'summarise( )' has grouped output by 'disease_decision'. You can
override using the
'.groups' argument.
# A tibble: 4 × 5
# Groups: disease_decision [2]
  disease_decision  gender      n    mean      sd
            <dbl>    <fct>  <int>   <dbl>   <dbl>
1               0        0     93    4.46    2.15
2               0        1     98    4.88    2.10
3               1        0    808    18.2    6.82
4               1        1    805    18.6    6.85
```

앞서 실시한 단일 조건 disease_decision에서와 명령어가 동일하며 다만 group_by( ) 함수에 gender가 추가되어 있는 것을 알 수 있다. 각각 disease_decision과 gender에 따라서 n, mean, 그리고 sd를 파악할 수 있다.

이처럼 dplyr 패키지와 파이프연산자를 이용하면 원하는 요약 통계량을 쉽게 보여 줄 수 있다.

3.2 정규성 검정(Normality test)

대부분의 통계분석에서 자료의 정규성을 요구하는데 이것은 확률분포들이 정규성을 가정한 확률분포함수를 사용하기 때문이다. 따라서 연구자는 분석에 들어가기 앞서 자료의 정규성을 확인하여 심각한 위반이 없는지 살펴보아야 한다.

정규성 검정에서는 동일한 확률분포를 지닌 확률변수(X)는 n이 충분히 클 때(n≥30) 표본 평균의 분포는 정규분포에 가까워진다는 중심극한이론(central limit theorem)을 이해하는 것이 필요하다. 중심극한이론은 간단히 말해서 표본이 클수록 표본 평균의 분포가 정규분포 모양에 가까워진다는 의미이다. 그렇다면 충분한 표본 크기는 얼마인가라는 의문이 생기는데 정답은 대략 30개 이상이다. 많은 통계학자들이 이에 대한 이론적 증명을 하였으며 우리는 이러한 개념을 이해하고 받아들이면 된다.

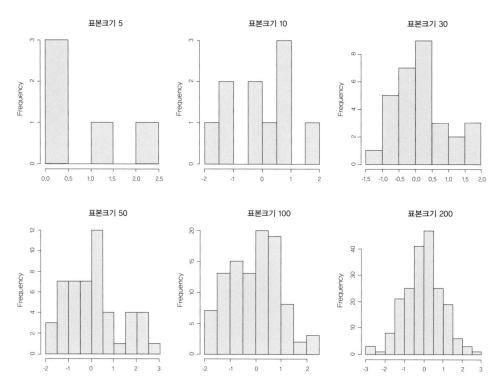

[그림 3-2] 중심극한이론(central limit theorem)

(그림 3-2)에서 표본 크기(n)에 따른 히스토그램을 보여 주고 있는데 표본 크기 30에서부터 확률밀도함수의 전형적인 형태인 정규분포 형태를 나타내는 것을 확인할 수 있다. 중심극한이론은 추론통계학을 뒷받침하는 매우 중요한 이론 중의 하나로서 우리가 샘플을 통해서 얻은 통계량으로 모집단의 모수를 추정할 수 있는 근거가 된다. 따라서 일반적으로는 표본 크기가 30 이상일 경우 엄격한 정규성 검정보다는 중심극한이론을 적용할 수 있기 때문에 연구자가 적절히 판단하여야 한다. 물론 시각적으로 정규분포를 보이지 않고 정규성 검정에서도 위반이 심각할 경우 연구자는 자료의 변환을 검토해야 할 것이다.

데이터 분포를 확인하는 가장 간단한 방법은 히스토그램을 그려 보는 것이다.

```
> hist(data$age)
```

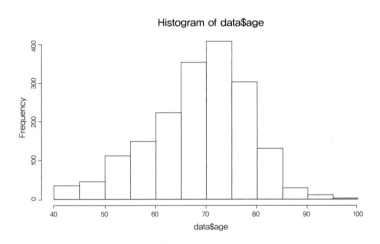

[그림 3-3] 히스토그램

변수 age에 대한 히스토그램을 그려 보면 전체적인 자료의 분포를 확인할 수 있다. 표본 크기가 1,804개이다 보니 시각적으로 정규분포 형태를 보이고 있다(그림 3-3).

그러나 그래프로 작성하여 분포를 확인하는 것은 시각적 판단에 의존하게 되어 연구자로서 불안함을 가질 수 있다. 따라서 이를 피하기 위해 정규성 검정을 실시할 수 있다. 정규성을 검정하는 통계분석 방법은 여러 가지가 있는데 본 서에서는 Shapiro 검정과

Shapiro wilk 정규성 검정은 shapio.test( )함수를 사용하고, 그 결과는 다음과 같다. 검정 결과 정규성을 만족하지 않았다.

```
> shapiro.test(data$age)  # shapiro.test (검정변수)

     Shapiro-Wilk normality test

data: data$age
W = 0.97995, p-value = 3.28e-15
```

Kolmogorov−Smirnov 정규성 검정은 ks.test( )함수를 사용하고, 그 결과는 다음과 같다. 검정 결과 정규성을 만족하지 않았다.

```
> ks.test(data$age, "pnorm", mean(data$age), sd(data$age))

 # ks. test(검정변수, "pnorm", 검정변수의 평균, 검정변수의 표준편차)

     Asymptotic one-sample Kolmogorov-Smirnov test data: data$age
D = 0.082733, p-value = 3.764e-11 alternative hypothesis: two-sided
```

그러나 연구자가 정규성 검정을 할지에 대해서는 판단이 필요하며, 정규성 검정을 실시하지 않아도 중심극한정리이론을 적용할 수도 있다. 이처럼 표본 집단이 정규성을 충족하면 모집단이 정규분포를 따른다고 가정할 수 있으므로 모수 검정(parametric test)을 실시할 수 있다. 그러나 정규성을 따르지 않는다고 판단되면 기존의 정규분포에서 가져온 확률분포 함수들을 사용할 수 없고 해당 자료 자체의 속성(대부분 순위)을 이용한 비모수 검정(nonparametric test)을 실시히여야 한다.

3.3 두 집단의 평균비교(t-test)

이번 절에서는 독립적인 두 개 집단의 평균을 비교하거나 한 개 집단으로부터 관찰되거나 조사된 두 변수를 비교하는 문제를 다뤄 보도록 하겠다. 독립적인 두 개 집단의 평균을 비교하는 문제는 독립 표본 t-test(independent t-test)를 실시하고, 한 개 집단으로부터 관찰되거나 조사된 두 변수를 비교하는 문제는 대응 표본 t-test(paired t-test)를 실시하게 된다. 두 분석은 모두 연구 변수가 정규분포를 따른다는 가정하에 실시하게 된다.

1) 독립된 두 집단

먼저 서로 독립된 두 집단의 평균을 비교한다. 성별(gender)에 따른 두 집단의 연령(age) 평균이 차이가 있는지 알아보자.

```
> t.test(age ~ gender, var.equal = T, data = data) #모수검정, var.equal 등분산성 가정함


        Two Sample t-test

data: age by gender
t = 1.9291, df = 1802, p-value = 0.05388
alternative hypothesis: true difference in means between group 0 and group
1 is not equal to 0
95 percent confidence interval:
 -0.01486384  1.79545954
sample estimates:
mean in group 0 mean in group 1
       69.46948        68.57918
```

정규성을 가정한 모수검정으로서 t.test( ) 함수에 검정하고자 하는 변수 age와 집단 변수 gender를 '~' 로 연결한다. var.equal는 등분산성을 가정하거나 또는 가정하지 않을 경우를 나타낸다. 일단 등분산성을 가정한 결과를 해석하면 성별에 따른 두 집단의 연령 평균은 유의수준 0.05를 기준으로 p-value(유의확률)가 0.0538로 유의수준보다 크기 때문에 귀무가

설을 채택하여 두 집단은 평균 차이가 없다고 판단할 수 있다.

> 주의) 유의수준 0.05보다 유의확률(p-value)가 큰 경우, 귀무가설 채택
>
> 유의수준 0.05보다 유의확률(p-value)가 작은 경우, 대립가설 채택

> 독립표본 t-test의 가설
> 귀무가설(H_0) : 두 집단의 평균이 같다.
> 대립가설(H_1) : 두 집단의 평균이 다르다.

■ 등분산성 검정

t-test에서는 정규성과 등분산성(homogeneity of variances, homoskedasticity)을 가정하는데 정규성은 앞에서 살펴보았다. 등분산성이란 집단들의 표본이 동일한 분산을 가지고 있는지 검정하여 표본집단들이 동일한 모집단에서 추출되었는지를 간접적으로 확인할 수 있게 한다.

```
> var.test(age ~ gender, data = data) #등분산성 검정

        F test to compare two variances

data: age by gender
F = 0.98257, num df = 900, denom df = 902, p-value = 0.792
alternative hypothesis: true ratio of variances is not equal to 1
95 percent confidence interval:
 0.8622154 1.1197426
sample estimates:
ratio of variances
         0.9825732
```

표준 패키지에서 제공하는 var.test( ) 함수에 분석하고자 하는 변수와 범주형 변수를 넣고 객체를 지정해 주면 F 분포를 통해 두 범주의 분산 동질성을 검정한다. 귀무가설은 등분산으로서 p-value가 유의수준 0.05보다 높아 귀무가설을 받아들여 두 범주의 분산은 동질하다

고 판단한다.

> 등분산 검정의 가설
> 귀무가설(H_0) : 두 집단의 분산이 같다(등분산이다).
> 대립가설(H_1) : 두 집단의 분산이 다르다(등분산이 아니다).

만약 두 집단이 등분산성을 만족하지 않는다면 두 집단의 평균을 비교하는 t.test( ) 함수에서 등분산성 인자 var.equal=F로 하여 Welch's t-test 실행하여야 한다.

Tip | **두 집단 평균 순위 비교(비모수 검정)**

정규성을 가정하지 않는다면 비모수 검정인 Wilcoxon rank-sum test(Mann–Whitney U test)를 실시한다.

```
> wilcox.test(age ~ gender,data=data) #Wilcoxon rank-sum test=Mann–
Whitney U test

        Wilcoxon rank sum test with continuity correction

data: age by gender
W = 430952, p-value = 0.02894
alternative hypothesis: true location shift is not equal to 0
```

모수 검정인 t-test( )에서는 p-value가 0.0538로서 경계선 값을 보였지만, 비모수 검정에서는 p-value가 0.02894로 유의수준 0.05 보다 낮아 두 집단에 따른 연령의 평균 순위 차이가 있다고 판단할 수 있다.

---

2) 대응표본 t-test(paired t-test)

서로 독립되지 않은 짝지은 자료의 평균을 비교한다. 대표적으로 중재 전과 중재 후의 수치 변화를 비교하는 데 사용할 수 있다. 본 서에서 사용하고 있는 자료에서는 해당되는 자료가 없으므로 수치형의 임의의 새로운 변수(gender.n)를 만들어 실습해 보도록 한다.

```
> data$gender.n <- ifelse(data$gender==0, 0, 1)
```

str(data)를 통해서 확인해 보면 gender는 범주형, gender.n은 수치형을 확인할 수 있다.

```
> t.test(data$age,data$gender.n, paired=T) #모수 검정, 짝지은 자료


        Paired t-test

data:  data$age and data$gender.n
t = 295.66, df = 1803, p-value < 2.2e-16
alternative hypothesis: true mean difference is not equal to 0
95 percent confidence interval:
 68.06873 68.97784
sample estimates:
mean of the difference
          68.52328
```

정규성을 가정한 모수 검정으로서 t.test( ) 함수에 검정하고자 하는 변수 age와 집단변수 gender.n을 콤마로 연결한다. 이때 개별 변수들을 data$age와 data$gender.n로 연결해 주어야 하며 마지막 paired=T는 짝지은 자료를 나타내는 것이다. 검정 결과 p-value가 유의수준 0.05보다 낮아서 귀무가설을 기각하고 두 수치의 평균은 차이가 있다고 판단할 수 있다.

> 대응표본 t-test의 가설
> 귀무가설(H_0) : 두 수치의 평균 차이가 없다(변화가 없다).
> 대립가설(H_1) : 두 수치의 평균 차이가 있다(변화가 있다).

```
> wilcox.test(data$age, data$gender.n, paired=T) #Wilcoxon signed-rank
test, 짝지은 자료

        Wilcoxon signed rank test with continuity correction

data: data$age and data$gender.n
V = 1628110, p-value < 2.2e-16
alternative hypothesis: true location shift is not equal to 0
```

정규성을 가정하지 않은 비모수 검정인 Wilcoxon signed-rank test 실시해 보면 p-value가 유의수준 0.05보다 낮아서 귀무가설을 기각하고 두 변수의 평균 순위는 차이가 있다고 판단할 수 있다.

3) 시각화하기

두 그룹을 객체로 분리한 다음 plot( ) 함수를 이용해서 각각의 히스토그램을 만들 수도 있지만 ggplot( ) 함수를 이용해서 한번에 시각화를 할 수도 있다. ggplot2 패키지의 ggplot( ) 함수는 layer 구조로 되어 있어서 배경을 만들고, 그 위에 그래프 형태를 그리고, 마지막으로 축 범위, 색, 표식 등 옵션을 추가하는 순서로 그래프를 만든다.

```
> library(ggplot2)
> ggplot(data, aes(x=age))+geom_histogram(fill="white", colour="black",
bins=30)+facet_grid( ~ gender)+labs(x="Age", y="Frequency", title="Histogram
age by gender")
```

배경과 그래프 형태, 주석 등을 모두 독립된 형태로 '+'를 이용해서 연결한다. 우선 ggplot( ) 함수 내 aes( )는 배경을 만드는 것으로 본 예시에서는 x축 age를 볼 것이다. 그런 다음 geom_histogram( ) 함수에서 히스토그램 그래프를 얹히는데 내부는 흰색, 경계선은 검은색, 그리고 막대의 개수는 30개로 설정했다. facet_grid(~gender)는 gender에 따라 세로로 칸을 나누어 두 개의 히스토그램을 제시하는데 만약 가로로 칸을 나누고자 한다면 facet_grid(gender ~ .)을 입력한다. gender가 '~' 표시 앞에 위치하며 뒤에는 마침표를 넣어야 한다. labs( )은 x축, y축, 그리고 메인 제목을 기재한 것이다(그림 3-4).

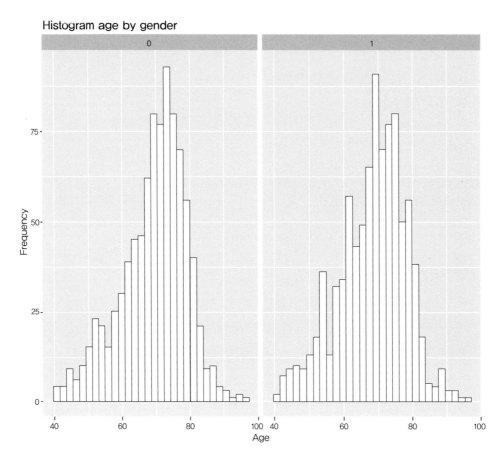

[그림 3-4] t-test_histogram

3.4 K(k≥3)개 집단의 평균비교(ANOVA)

독립적인 3개 이상 집단의 평균을 비교하는 문제를 다뤄 보도록 하겠다. 3개 집단인 중증도 (disease_severity)에 따른 나이(age)의 평균 차이가 있는지 분석한다. 이때 나이(age)는 정규분포를 따른다는 가정하에 실시하게 된다.

1) 데이터 살펴보기

분석에 들어가기에 앞서서 집단별 통계량을 확인하고 이를 도식화해 보자.

```
> data %>% group_by(disease_severity) %>% summarise(n=n( ), mean_
score=mean(age), sd_score=sd(age))
# A tibble: 3 × 4
  disease_severity     n mean_score  sd_score
  <fct>            <int>      <dbl>     <dbl>
1 mild               191       71.0      9.50
2 moderate           983       68.4      9.80
3 severe             630       69.4      9.82
```

dplyr 패키지 내의 파이프연산자를 활용한 데이터 통계량을 보여준다. 처음 data 객체에서 시작해서 group_by( ) 함수에 disease_severity 범주를 넣어준다. 이어서 보고자 하는 통계량을 summarise( ) 함수에서 지정하는데, n( ), mean( ), sd( )는 각각 표본수, 평균, 표준편차이다. 여기서 mean_score=mean(age)를 예로 들면 테이블에 나타나는 열의 이름을 mean_score로 지정하였고 등호 뒤에는 mean( ) 함수를 사용하였다.

data의 disease_severity(mild, moderate, servere)에 따라서 age의 표본수, 평균, 표준편차를 확인할 수 있고, mild의 경우 moderate와 severe에 비해서 약간 높다는 것을 알 수 있다. 이를 상자−수염 그림(box−whisker plot)으로 나타내 보자.

```
> ggplot(data, aes(x=disease_severity,y=age))+geom_boxplot()+labs(x="Disease
severity", y="Age", title="Box-Whisker plot Age by Disease severity")
```

배경으로는 x축에 disease_sevcrity와 y축에 age를 넣었다. 그런 다음, geom_boxplot( )을
연결해서 상자−수염 그림 그래프를 얹힌다. 수치로 확인하는 통계량을 육안으로 직접 확인
할 수 있어서 식별력이 높아진다(그림 3−5).

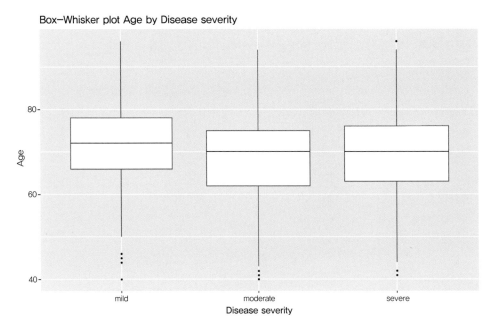

[그림 3-5] ANOVA_box−whisker plot

2) 등분산성 검정

먼저, 독립적인 3개 이상 집단(범주)의 평균을 비교하기 위해서 정규성과 등분산성을 가정하
는데 3개 이상 범주의 등분산성을 검정할 때 주로 사용하는 통계방법으로 Bartlett's test와
Levene's test가 있다. 데이터들이 정규분포를 따른다면 Bartlett's test를, 정규분포를 따르는지
확신이 없다면 Levene's test를 사용하는데 대부분의 경우 결과의 방향이 동일하다.

```
> bartlett.test(data$age, data$disease_severity) #정규분포일 때


        Bartlett test of homogeneity of variances


data: data$age and data$disease_severity
Bartlett's K-squared = 0.34974, df = 2, p-value = 0.8396
```

표준 패키지에서 제공하는 bartlett.test( ) 함수에 분석하고자 하는 변수와 범주형 변수를 넣어준다. p-value가 0.8396으로 유의수준 0.05에서 등분산성이라는 귀무가설을 받아들인다.

```
> car::leveneTest(data$age, data$disease_severity) #정규분포에서 벗어날 때
Levene's Test for Homogeneity of Variance(center = median)
         Df  F value  Pr(>F)
group    2    0.4749   0.622
       1801
```

car 패키지 내 leveneTest( ) 함수를 사용할 것이기 때문에 car 패키지가 없다면 미리 install.packages("car")로 설치하여야 한다. car 패키지를 library 함수를 이용하여 메모리에 올리지 않고 해당 패키지 내 함수를 직접 이용할 때에는 ::을 이용하여 패키지와 함수를 연결한다. 특정 패키지를 메모리에 올리지 않고 사용할 때 유용하다. p-value가 0.622으로 유의수준 0.05에서 등분산성이라는 귀무가설을 받아들인다.

등분산 검정의 가설
귀무가설(H_0) : 3개 집단의 분산이 같다(등분산이다).
대립가설(H_1) : 3개 집단의 분산이 다르다(등분산이 아니다).

3) 분산분석(ANOVA)

일원분산분석(one-way ANOVA)에는 두 가지 함수(oneway.test( ), lm( ))를 사용할 수 있다.

```
> oneway.test(age ~ disease_severity, var.equal = TRUE, data) #var.equal 등분산
성 가정함

    One-way analysis of means

data: age and disease_severity
 F = 6.4525, num df = 2, denom df = 1801, p-value = 0.001613
```

(1) oneway.test( )

표준 패키지에서 제공하는 oneway.test( ) 함수에 분석하고자 하는 변수와 범주를 '~'로 연결한다. var.equal=T는 등분산성을 가정한 상태에서 F 함수를 이용한 검정을 실시한 것이다.

ANOVA 검정 결과 p-value가 0.0016으로 유의수준 0.05에서 귀무가설을 기각하여 3개 집단인 중증도(disease_severity)에 따른 나이(age) 평균들은 통계적으로 유의하게 차이가 난다고 할 수 있다.

> ANOVA의 ○○의 가설
> 귀무가설(H_0) : 3개 범주(집단)의 평균이 같다.
> 대립가설(H_1) : 3개 범주(집단)의 평균이 다르다(not H_0).

만약 등분산성에 위배된다면 var.equal=F로 수정하여 Welch의 근사방법(Welch's approximate method)으로 계산하여야 한다.

> **Tip**　**K개 집단 평균순위 비교 : Kruskal-Wallis test**
>
> 일원분산분석에 해당되는 비모수 검정인 Kruskal-Wallis test를 실시해 보자.
> Kruskal-Wallis는 Wilcoxon rank-sum test의 확장으로서 데이터의 순위에서 검정통계량을 만든다.
>
> ```
> > kruskal.test(age ~ disease_severity, data=data)
>
>         Kruskal-Wallis rank sum test
>
> data:  age by disease_severity
> Kruskal-Wallis chi-squared = 11.649, df = 2, p-value = 0.002954
> ```
>
> 표준 패키지 내 kruskal.test( ) 함수에 평균순위를 구하고자 하는 변수와 집단(범주)을 구분하는 변수를 '~'로 연결한다. 비모수 검정 결과, p-value가 0.002954로 유의수준 0.05 미만으로서 3개 집단의 평균순위는 동일하지 않다는 것을 알 수 있다.

(2) lm( )

이어서 lm( ) 함수를 사용하여 분석하도록 한다.

```
> anova <- lm(age ~ disease_severity, data)
> summary(anova)

Call:
lm(formula = age ~ disease_severity, data = data)

Residuals:
   Min      1Q   Median      3Q      Max
-30.984  -6.387    1.576   6.613   26.576

Coefficients:
                          Estimate Std. Error  t value  Pr(>|t|)
(Intercept)                70.9843     0.7076  100.320  < 2e-16 ***
disease_severitymoderate   -2.5977     0.7733   -3.359  0.000797 ***
disease_severitysevere     -1.5605     0.8078   -1.932  0.053530 .
```

```
---
Signif. codes: 0 '***' 0.001 '**' 0.01 '*' 0.05 '.' 0.1 ' ' 1

Residual standard error: 9.779 on 1801 degrees of freedom
Multiple R-squared: 0.007114, Adjusted R-squared: 0.006012
F-statistic: 6.452 on 2 and 1801 DF, p-value: 0.00161s
```

표준 패키지 내의 lm( ) 함수는 주로 선형 모델(linear model)을 분석할 때 사용한다. 종속변수와 독립변수를 '~'로 연결하여 선형 모델을 만든 후 이를 새로운 list 형태의 객체 anova에 할당한다. 단, 범주를 나타내는 변수는 속성이 character이거나 factor여야 분산분석(ANOVA) 결과가 출력된다.

summary( ) 함수를 통해서 결과를 확인한다. 결과창 제일 하단의 결과가 분산분석(ANOVA) 결과라고 볼 수 있으며, F 통계량과 p-value가 oneway.test( ) 결과와 일치하는 것을 확인할 수 있다.

(3) 사후검정(post-hoc analysis, multiple comparisons)

일원분산분석(one-way ANOVA)을 통해서 귀무가설이 기각되었다면 최소한 하나의 집단(범주)은 나머지 집단(범주)의 평균과 동일하지 않다는 것을 알 수 있다. 그렇다면 3개 집단(범주) 중 어떤 것이 차이를 나타내는지 사후검정을 실시해 보자.

사후검정에는 Scheffe, Tukey, Bonferroni, Duncan, Dunnett 등 다양한 방법이 적용될 수 있다. 이들 중 Scheffe나 Tukey는 상당히 보수적인 결과를 보인다.

multcomp 패키지의 glht( ) 함수를 사용할 것이기 때문에 install.packages("multcomp")로서 미리 설치한 다음 library( ) 함수를 사용하여 메모리에 로딩시킨다. 해당 패키지의 함수를 이용하여 Tukey 방법을 사용한다.

```
> summary(glht(anova, linfct=mcp(disease_severity="Tukey")))


        Simultaneous Tests for General Linear Hypotheses


Multiple Comparisons of Means: Tukey Contrasts


Fit: lm(formula = age ~ disease_severity, data = data)


Linear Hypotheses:
                     Estimate Std. Error  t value  Pr(>|t|)
moderate - mild == 0  -2.5977     0.7733   -3.359    0.0022 **
severe - mild == 0    -1.5605     0.8078   -1.932    0.1254
severe - moderate == 0 1.0372     0.4991    2.078    0.0909 .
---
Signif. codes:  0 '***' 0.001 '**' 0.01 '*' 0.05 '.' 0.1 ' ' 1
(Adjusted p values reported -- single-step method)
```

사후검정 결과 moderate 그룹과 mild 그룹의 나이(age) 평균을 비교하면, p-value가 0.00218로 유의수준 0.05에서 유의한 차이가 있으며, severe 그룹과 mild 그룹의 나이(age) 평균을 비교(p-value=0.12538) 및 severe 그룹과 moderate 그룹의 나이(age) 평균을 비교 (p-value=0.09094) 결과는 유의한 차이가 없는 것으로 나타났다. 이를 종합하면 ANOVA 분석 결과 3개 집단(범주) 중증도에 따른 나이 평균은 통계적으로 유의한 차이가 있으며, 특히 moderate 그룹과 mild 그룹에서 차이를 보이는 것으로 나타났다.

다른 사후검정 방법으로 agricolae 패키지를 이용하면 LSD, Scheffe, Duncan, Tueky HSD 방법 등의 실행이 가능하다.

```
> library(agricolae)
> LSD.test(anova, "disease_severity", p.adj="bonferroni", console=T)
```

```
> scheffe.test(anova, "disease_severity", console=T)
```

```
> duncan.test(anova, "disease_severity", console=T)
```

```
> HSD.test(anova, "disease_severity", console=T) #TukeyHSD
```

하나의 대조군을 나머지 비교군들과 비교한다면 Dunnett 방법을 주로 사용할 수 있다.

```
> library(multcomp)
> summary(glht(anova, linfct=mcp(disease_severity="Dunnett")))


        Simultaneous Tests for General Linear Hypotheses

Multiple Comparisons of Means: Dunnett Contrasts

Fit: lm(formula = age ~ disease_severity, data = data)

Linear Hypotheses:
                    Estimate Std. Error  t value  Pr(>|t|)
moderate - mild == 0  -2.5977    0.7733   -3.359  0.00141 **
severe - mild == 0    -1.5605    0.8078   -1.932  0.08317 .
---
Signif. codes:  0 '***' 0.001 '**' 0.01 '*' 0.05 '.' 0.1 ' ' 1
(Adjusted p values reported -- single-step method)
```

glht( ) 함수에서 회귀모델로 할당한 ANOVA를 넣고, 범주 변수의 이름과 사후검정방법을 넣는다. 결과창 하단을 보면 moderate와 mild는 통계적으로 유의한 차이를 나타내며 severe와 mild는 유의한 차이가 없는 것으로 나타났다.

3.5 범주형 변수 간의 관련성(chi-square test)

1) Chi-square test(교차분석)

연속형 변수의 평균값 비교가 아닌 범주형 변수 집단의 분포를 비교할 때는 chi-square test(교차분석)를 실시한다.

예제 데이터에서 범주형 변수 집단은 성별(gender), 병원 방문 여부(visit_hop), 중증도(disease_severity)가 있으며 table( ) 함수를 이용하여 범주형 변수의 교차테이블을 만들어 보자. table( ) 함수에서 행은 data$visit_hosp이며 열은 data$gender이다. 즉, 병원 방문 여부(data$visit_hosp)가 병원을 방문하지 않음(0)이면서 성별(data$gender)이 여성(0)인 빈도수는 269명이다.

```
> tab.visitbygender <- table(data$visit_hosp, data$gender)
> print(tab.visitbygender)


     0    1
  0  269  249
  1  632  654
```

범주형 변수 집단인 성별(gender)에 따라서 병원을 방문하는(visit_hop) 비율(분포)의 차이가 있는지를 확인하기 위하여 chi-square test를 실시한다. 사용되어진 함수는 chisq.test( )이다.

```
> chisq.test(tab.visitbygender, correct=F) #pearson chisquare test

        Pearson's Chi-squared test

data:  tab.visitbygender
X-squared = 1.1463, df = 1, p-value = 0.2843
```

Pearson chi-square test의 결과에서 p-value는 0.2843으로 유의수준 0.05에서 통계적으로 유의하지 않다. 즉, 성별에 따른 병원 방문 비율(분포)의 차이는 없었다. Chi-square test를 위한 객체를 따로 만들지 않고 직접 해당 변수를 넣어 주어도 결과는 동일하다(chisq.test(data$visit_hosp, data$gender, correct=F)).

이번에는 범주가 세 개인 disease_severity를 분석해 보자.

```
> tab.severitybygender <- table(data$disease_severity, data$gender)
> print(tab.severitybygender)


            0    1
 mild       93   98
 moderate   500  483
 severe     308  322
```

Chi-square test를 실시하기 전 disease_severity과 gender의 3*2 테이블을 그려 본다. 행은 disease_severity이며 열은 gender이다.

```
> chisq.test(tab.severitybygender, correct=F) #pearson chisquare test

        Pearson's Chi-squared test

data: tab.severitybygender
X-squared = 0.73378, df = 2, p-value = 0.6929
```

Pearson chi-square test의 p-value는 0.6929으로 통계적으로 유의하지 않아서 3*2 테이블의 분포(비율)가 차이난다고 할 수 없다. 즉, 성별에 따른 질병의 중증도 분포는 통계적으로 유의한 차이가 없다.

범주형 변수 집단의 교차테이블의 표본 크기가 작을 경우 이를 보정하는 방법을 살펴보자. 전체 셀의 20% 이상에서 기대빈도가 5미만인 경우, 2*2 테이블에서 전체 빈도수가 20보다 작거나, 전체 빈도수가 20~40 사이이면서 셀의 가장 작은 기대값이 5 미만인 경우에는 chi-square test 검정이 부적절하다. 따라서 다음 방법을 고려해 볼 수 있다.

2) Fisher's exact test and Yates' correction

전체 셀의 20% 이상에서 기대빈도가 5미만인 경우, Fisher's exact test를 실시한다. 표본수가 작은 2*2 테이블에서 사용할 수 있는 또 하나의 보정방법은 Yates' correction이다. 일반적으로 전체 표본 크기가 100미만이거나 10보다 작은 수를 가진 셀이 있을 경우 이를 보정하여 조금 더 Chi-statistics를 작게 하여 보수적인 결과를 만들어 낸다.

```
> fisher.test(tab.severitybygender) #기대빈도가 5보다 작은 셀이 전체의 20% 이상일 경우


        Fisher's Exact Test for Count Data


data: tab.severitybygender
p-value = 0.6961
alternative hypothesis: two.sided
```

예제 데이터에서는 각 셀의 기대값이 5미만인 경우가 없기에 Fisher's exact test는 적합하지 않으나 실습을 위해서 실행하였다. p-value는 0.2981으로 유의수준 0.05에서 통계적으로 유의하지 않아서 앞에서 실시한 Pearson chi-square test의 결과와 일치한다.

```
> chisq.test(tab.visitbygender, correct=T) #Yates' correction


        Pearson's Chi-squared test with Yates' continuity correction

data: tab.visitbygender
X-squared = 1.0376, df = 1, p-value = 0.3084
```

Chi-square test와 동일한 함수인 chisq.test( )를 사용하며 correct=T로(default이므로 해당 문구를 제외해도 됨) 바꾸어 주어 Yates' correction을 실행한다. 앞서 실시한 chi-square test와 결과는 동일하지만 Chi-statistics가 1.0376 약간 줄어들어 전체 p-value가

증가한 것을 알 수 있다.

범주형 변수 집단의 빈도수 비교를 살펴보았는데 chi-square test, Fisher's exact test, Yates' correction의 값 모두 tableone 패키지의 결과와 동일함을 알 수 있다.

Tip	집단별로 한번에 요약하기

집단별 요약 통계량을 하나씩 깊이 있게 확인하는 과정은 데이터를 분석하기 위한 필수적인 과정이지만 전반적으로 데이터를 다루고 특정 결과를 보고하는 데 있어서는 과정이 복잡하고 시간 소모가 많아서 비효율적이다. 심지어 앞에서 살펴본 dplyr에서의 요약 통계량도 수치만 제공할 뿐 통계 검정 결과는 제시하지 않는다.

따라서 논문에서 흔히 표시하는 결과 보고 형태로 한번에 데이터를 요약하는 패키지들이 개발되었는데 대표적인 것이 tableone과 moonBook이 있다.

두 패키지 모두 사용법이 간편하고 다양한 기능을 보유하고 있으므로 R 통계분석에서는 거의 필수적인 패키지라고 할 수 있다. 또한 패키지마다 장점이 있는데 tableone의 경우 survey data에도 적용할 수 있어서 범용성이 좋고, moonBook의 경우 하위 그룹별 분석에서 별도 객체로 분할하지 않고도 집단별 요약 통계량을 볼 수 있으며 생성된 결과를 csv, html, pdf 등 다양한 포맷으로 출력할 수 있다.

본 서에서 요약 통계량은 tableone 패키지를 중심으로 설명하겠다. tableone는 t-test, chi-square test 뿐만 아니라 비모수 검정의 결과까지 한번에 보여주며 일목요연하게 테이블로 정리해 주는 효율적인 패키지라고 할 수 있다. 참고로 저자는 본 패키지를 알고부터 다른 통계프로그램들보다 R을 주로 사용하게 된 것 같다. 한번에 모든 변수의 전체 결과를 볼 수 있다는 것은 너무 매력적이다.

tableone 패키지가 설치되지 않았을 경우 install.packages("tableone")로 설치하여야 한다. CreateTableOne( ) 함수를 사용하기 앞서 변수를 편리하게 관리하기 위해서 vars에는 관심 변수를 모두 넣고, factorvars에 범주형 변수로 객체 할당한다. CreateTableOne 함수에 개별 인자를 설정하는데 strata는 성별에 따라 보기 위해 gender, vars는 관심 변수에 해당하는 vars, factorVars는 범주형 선언하는 것으로 이미 만들어 놓은 factrovars를 넣어준다. data는 대상 객체 이름인 data를 넣어주고, test=T는 t-test이든 chi-square test이든 실시하라는 의미이며, argsApprox = list(correct = F)는 Yates의 연속성 보정하지 않은 Pearson chi-square test를 실시하라는 의미이다.

```
> library(tableone) #install.packages("tableone")
> vars <- c("age", "visit_hosp", "disease_period", "disease_score",
  "disease_decision", "disease_severity")
> factorvars <- c("visit_hosp", "disease_severity")
> all.tableone <- CreateTableOne(strata = "gender", vars = vars,
+                  data = data, test = T, argsApprox = list(correct = F))
> print(all.tableone)
```

	Stratified by gender			
	0	1	p	test
n	901	903		
age (mean (SD))	69.47 (9.76)	68.58 (9.84)	0.054	
visit_hosp = 1 (%)	632 (70.1)	654 (72.4)	0.284	
disease_period (mean (SD))	4.21 (4.46)	4.11 (4.17)	0.653	
disease_score (mean (SD))	16.80 (7.73)	17.07 (7.77)	0.458	
disease_decision (mean (SD))	0.90 (0.30)	0.89 (0.31)	0.714	
disease_severity (%)			0.693	
mild	93 (10.3)	98 (10.9)		
moderate	500 (55.5)	483 (53.5)		
severe	308 (34.2)	322 (35.7)		

현재의 테이블은 대부분의 통계 검정 결과들이 요약되어 있다.

우선 gender에 따라서 여성(0)/남성(1)로 나뉘어져 있으며 연속형일 경우는 평균과 표준편차로 표시되고 이분형일 경우 1일 비율을 나타내며, 범주의 개수가 3개 이상의 범주형(factor)일 경우 각 범주의 빈도수와 비율을 나타낸다. 먼저 age는 여성과 남성의 평균±표준편차는 각 69.47±9.76과 68.58±9.84이며 t-test를 통한 두 값의 통계적 유의차 p-value는 0.054였다. visit_hosp의 경우 여성은 901명 중 632명(70.1%)이 병원을 방문했으며 남성은 903명 중 654명(72.4%)이 병원을 방문하였고 chi-square test에 의한 두 값은 통계적으로 유의하지 않았다(p = 0.284).

또한 disease_severity는 2*3 테이블 형태의 gender에 따른 mild, moderate, severe 범주로 나뉘어지며 chi-square test에 의한 해당 범주의 분포 차이는 통계적으로 유의하지 않았다(p=0.693). 나머지 연속형 변수들은 모두 gender에 의한 t-test의 값으로 판단하면 된다.

좀 더 자세히 해당 결과를 파악해 보기 위해 summary( ) 함수를 사용하여 결과를 보도록 하자. gender별로 상세한 평균과 요약된 통계량을 파악할 수 있다.

연속형 변수들의 p-value에서 pNormal은 앞서 print로 살펴본 p-value와 동일한데 이것은 일반적인 모수 검정에 해당하는 값이다. pNonNormal은 비모수 검정에 해당하는 p-value들로서 연속형 변수이기 때문에 Wilcoxon rank sum test(Mann-Whitney u test)의 결과이다.

범주형 변수에서 pApprox의 p-value는 앞서 print로 살펴본 p-value와 동일한데 chi-square test의 결과에 해당하는 값이다. pExact는 기대빈도가 5보다 작은 셀이 전체 셀의 20% 이상인 경우 Fisher's exact test의 결과이다.

이처럼 tableone 패키지에서는 요약 통계량뿐만 아니라 집단별 모수·비모수 통계 검정량 등 다양한 결과를 한눈에 파악할 수 있다.

```
> summary(all.tableone)

  ### Summary of continuous variables ###

gender: 0
                   n miss p.miss mean  sd median p25 p75  min  max skew  kurt
age              901    0      0 69.5 9.8     71  64  76 40.0   96 -0.6   0.1
disease_period   901    0      0  4.2 4.5      3   1   5  0.1   30  2.7   9.6
disease_score    901    0      0 16.8 7.7     16  11  22  0.0   35  0.3  -0.4
disease_decision 901    0      0  0.9 0.3      1   1   1  0.0    1 -2.6   4.8
------------------------------------------------------------------------------
gender: 1
                   n miss p.miss mean  sd median p25 p75  min  max skew  kurt
age              903    0      0 68.6 9.8     70  62  76 40.0   96 -0.4 -0.05
disease_period   903    0      0  4.1 4.2      3   1   5  0.1   32  2.6  9.26
disease_score    903    0      0 17.1 7.8     16  12  23  0.0   39  0.3 -0.49
disease_decision 903    0      0  0.9 0.3      1   1   1  0.0    1 -2.5  4.37
p-values
                    pNormal pNonNormal
age              0.05387846 0.02893389
disease_period   0.65262903 0.89262089
disease_score    0.45829364 0.48201874
disease_decision 0.71424733 0.71413871
```

```
Standardize mean differences
                1 vs 2
age             0.09083708
disease_period  0.02119774
disease_score   0.03493103
disease_decision 0.01724463
============================================================================
```

Summary of categorical variables

gender: 0

var	n	miss	p.miss	level	freq	percent	cum.percent
visit_hosp	901	0	0.0	0	269	29.9	29.9
				1	632	70.1	100.0
disease_severity	901	0	0.0	mild	93	10.3	10.3
				moderate	500	55.5	65.8
				severe	308	34.2	100.0

----

gender: 1

var	n	miss	p.miss	level	freq	percent	cum.percent
visit_hosp	903	0	0.0	0	249	27.6	27.6
				1	654	72.4	100.0
disease_severity	903	0	0.0	mild	98	10.9	10.9
				moderate	483	53.5	64.3
				severe	322	35.7	100.0

p-values

	pApprox	pExact
visit_hosp	0.2843154	0.2980880
disease_severity	0.6928849	0.6960983

```
Standardize mean differences
                1 vs 2
visit_hosp        0.05043153
disease_severity 0.04034456
```

3.6 상관분석(Correlation analysis)

두 개의 연속형 변수의 상관관계를 확인하기 위해서 상관분석을 실시한다.

상관분석의 개념을 파악하기 위해서는 분산과 공분산에 대한 이해가 필요하다. 우선 분산은 한 변수가 평균으로부터 얼마나 떨어져 있는지를 나타내는 수치이며, 공분산은 두 변수가 각각의 평균으로부터 얼마나 떨어져 있는지를 곱해 주어 수치화한 것이다. 따라서 공분산은 두 변수가 같은 방향으로 움직이는지 다른 방향으로 움직이는지를 보여준다. 예를 들어 공분산이 양수일 경우 두 변수는 동일한 방향으로 움직이는 양의 상관관계이며 음수일 경우는 반대이다.

그런데 공분산은 측정된 변수의 단위(scale)에 영향을 받기 때문에 이를 표준화할 필요가 있다. 따라서 공분산을 두 변수의 표준편차로 나누어 −1에서 1 사이의 값을 갖도록 조정하는 것이 Pearson 상관계수(correlation coefficient)이다.

변수들 간의 상관성을 파악하는 가장 간단한 방법은 변수들의 산점도(scatter plot)를 그려 보는 것이 가장 직관적으로 이해하기 쉽다. 하지만 그래프를 통해 상관성을 파악하는 것은 주관적 판단이 개입되기 때문에 수치로 표현되는 상관계수(correlation coefficient)를 고려할 수 있다. 먼저 상관계수를 산출하고, 그래프로 나타내는 방법을 다루어 보도록 하겠다.

1) Pair-wised correlation analysis

표본의 수가 충분하고 정규성을 가정한다면 Peasron 상관계수를 구한다. 계속해서 앞서 사용했던 data 객체를 이용하여 분석해 보자. Pearson 상관계수를 구하기 위해서 cor.test( ) 함수에 두 변수를 넣고 method에서 "pearson"을 입력한다.

```
> cor.pearson <- cor.test(data$disease_score, data$age, method = "pearson")
#연속형 변수일 경우 pair-wised correlation
> print(cor.pearson)

        Pearson's product-moment correlation

data: data$disease_score and data$age
t = 0.87541, df = 1802, p-value = 0.3815
alternative hypothesis: true correlation is not equal to 0
95 percent confidence interval:
  -0.02555780  0.06670536
sample  estimates:
        cor
0.02061768
```

    분석 결과, 두 변수 disease_score와 age의 상관계수는 0.0206으로 약한 상관관계를 나타내고 있으며 p-value는 0.3815로서 유의수준 0.05에서 통계적으로 유의하지 않았다.

상관분석의 가설
귀무가설(H_0) : 두 변수가 관계가 없다(상관계수가 0이다. 선형관계가 아니다).
대립가설(H_1) : 두 변수가 관계가 있다(상관계수가 0이 아니다. 선형관계이다).

주의) Pearson 상관계수(correlation coefficient)는 −1에서 1 사이의 값을 가지며, 양수일 경우 두 변수는 동일한 방향으로 움직이는 양의 상관관계이며 음수일 경우는 반대이다.

    만약 분석하고자 하는 변수가 정규성에 기반하지 않은 순위형 변수라면 비모수 검정 방법인 Spearman 상관계수를 구해야 한다. 비모수 검정은 측정된 값의 수치를 무시하고 단순히 두 수치의 순위만 이용하여 상관계수를 구하는 것이다.

```
> cor.spearman <- cor.test(data$disease_score, data$age, method = "spearman")
#순위형 변수일 경우 pair-wised correlation
Warning message:
In cor.test.default(data$disease_score, data$age, method = "spearman") :
 Cannot compute exact p-value with ties
> print(cor.spearman)


      Spearman's rank correlation rho

data: data$disease_score and data$age
S = 972962660, p-value = 0.8104
alternative hypothesis: true rho is not equal to 0
sample  estimates:
        rho
0.005653024
```

Spearman 상관계수를 구하기 위해서 cor.test( ) 함수에 두 변수를 넣고 method에서 spearman을 입력한다. 두 변수 disease_score와 age의 상관계수는 0.0056으로 약한 상관관계를 나타내고 있으며 p-value는 0.8104로서 통계적으로 유의하지 않았다. 중간에 보여지는 경고 메시지는 동일한 순위를 나타내는 값이 여러 개 존재하기에 표시되는 것으로 본 예제에서는 무시하여도 무난하다.

2) Partial-correlation analysis

두 변수가 모두 특정 변수에 영향을 받는다면 이를 통제한 상태에서 두 변수의 상관관계를 파악해야 한다. 예를 들어 예제 데이터에서 두 변수 disease_score와 age에 영향을 미치는 변수가 disease_period라면 이를 통제한 상태에서 상관계수를 구하는데 이를 편상관계수 또는 부분상관계수(partial correlation coefficient)라고 한다.

```
> install.packages("ppcor")
```

표준 패키지에서는 편상관계수 함수를 지원하지 않기 때문에 ppcor 패키지를 설치한다.

패키지 설치 후, 해당 패키지 내의 함수를 R 메모리에 상주시키지 않고 바로 사용할 때 :: 콜론 두 개 연속으로 이를 표시한다. 예를 들어 ppcor::pcor.test( )이라고 하면 ppcor 패키지를 메모리에 올리지 않은 상태에서 ppcor 패키지 내의 pcor.test( ) 함수를 사용한다는 의미이다.

```
> pcor.pearson <- ppcor::pcor.test(data$disease_score, data$age,
data$disease_period, method = "pearson") #연속형 변수일 경우 partial
correlation
> print(pcor.pearson)
    estimate    p.value   statistic     n   gp      Method
1 -0.01972155  0.4026419  -0.8371099  1804   1     pearson
> pcor.spearman <- ppcor::pcor.test(data$disease_score, data$age,
data$disease_period, method = "spearman") #순위형 변수일 경우 partial
correlation
> print(pcor.spearman)
    estimate    p.value   statistic     n   gp      Method
1 -0.03639377  0.1223988  -1.545509   1804   1    spearman
```

두 변수 disease_score와 age의 Pearson과 Spearman의 편상관계수를 disease_period를 통제한 상태에서 분석하였다. pcor.test( ) 함수에서 분석대상인 두 변수를 넣고 이어서 통제변수를 넣어준다. method에는 pearson과 spearman을 각각 넣고 분석하였다.

Pearson 편상관계수는 −0.019이며 p−value는 0.402로서 통계적으로 유의하지 않았다. Spearman 편상관계수는 −0.036이며 p−value는 0.122로서 통계적으로 유의하지 않았다.

3) 시각화하기

집단의 평균비교에서 이미 학습한 ggplot 패키지를 이용한 시각화와 더불어 R 표준 패키지 graphics에서 제공하는 plot( ) 함수를 이용해서 산점도를 그려보자.

```
> plot(data$disease_score, data$age, xlab="Disease score", ylab="Age", pch=1)
```

plot( ) 함수에 산점도를 나타낼 두 변수를 차례대로 넣으면 각각 x와 y축에 입력된다. 각 축의 문구를 임의대로 작성할 수 있으며 pch 옵션은 해당 점(point)의 모양을 결정하는데 네모(0), 동그라미(1), 세모(2), 십자가(3), 가위표(4), 마름모(5), 역삼각형(6), 별표(8), 검은점(20) 등 다양하다. 콘솔 창에 ?pch를 입력하면 보다 자세한 설명을 볼 수 있다(그림 3-6).

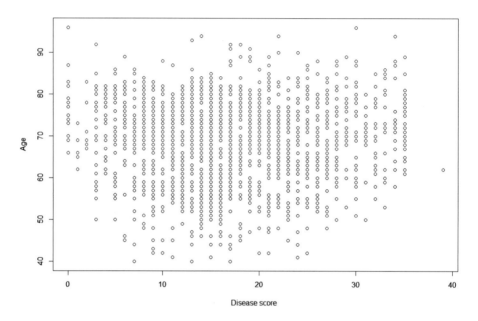

[그림 3-6] Scatter plot by plot

상관계수 분석에서 뿐만 아니라 산점도에서도 두 변수 disease_score와 age는 특정한 방향성을 나타내지 않는다.

이번에는 동일한 산점도를 ggplot 패키지를 이용해서 만들어 보자. 단순히 plot( ) 함수에 비해 복잡해 보이지만 그래픽에 다양한 옵션들이 추가된다면 ggplot( ) 함수가 보다 직관적이고 이해하기 쉽다. library( ) 함수로 ggplot2 패키지를 메모리에 로딩한다.

```
> library(ggplot2)
> ggplot(data, aes(x=age, y=disease_score)) + geom_point(size = 3,
colour="black") + labs(x="Disease score", y="Age")
```

배경과 그래프 형태, 주석 등을 모두 독립된 형태로 '+'를 이용해서 연결한다. 우선 ggplot
( ) 함수 내 aes( )는 배경을 만드는 것으로 본 예시에서는 x축 age를 볼 것이다. 그런 다음
geom_point( ) 함수에서 산점도 그래프를 얹히는데 점(point)은 검은색, 크기는 3으로 하였
다. labs( )은 x축과 y축 이름을 기재한 것이다(그림 3-7).

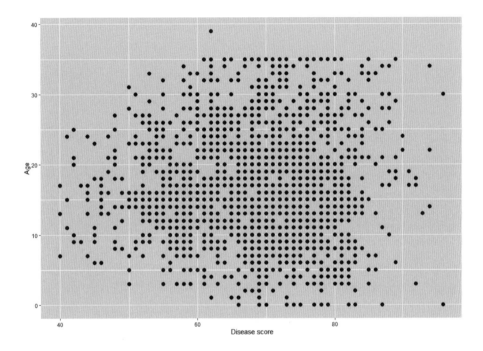

[그림 3-7] Scatter plot by ggplot

변수의 관계를 도식화하는 함수인 ggplot( )과 plot( )은 매우 폭넓게 사용되고 있으므로
R을 통계분석의 도구로 활용하고자 하는 연구자는 그 사용법에 익숙해져야 한다.

두 변수의 상관계수를 한꺼번에 나타내 보자. corrplot 패키지가 분석에 필요하므로 패키
지 설치 후 메모리에 로딩한다.

```
> library(corrplot) #install.packages("corrplot")
> data_numeric <- data %>% select(age, disease_period, disease_score,
disease_decision) #숫자형 변수들만 상관계수 분석 가능함.
```

연속형 변수들만 상관계수 분석에 이용되므로 이들을 따로 선택한 다음 data_numeric으로 할당하였다.

```
> cor(data_numeric)
                          age  disease_period  disease_score  disease_decision
age               1.00000000      0.24515979     0.02061768       -0.06879795
disease_period    0.24515979      1.00000000     0.16106938        0.02518279
disease_score     0.02061768      0.16106938     1.00000000        0.54466501
disease_decision -0.06879795      0.02518279     0.54466501        1.00000000
```

cor( ) 함수를 사용하여 전체 변수들 간의 상관계수 파악이 가능하다. corrplot( ) 함수를 이용해서 조금 더 시각적으로 그래픽 효과를 줄 수 있다.

```
> cor.matrix <- round(cor(data_numeric), 2)#소수점 둘째 자리에서 반올림.
> corrplot(cor.matrix, method="number", number.font=2, tl.cex=0.9, number.cex=1)
```

round( ) 함수를 이용해서 cor( )에서 산출되어진 상관계수를 식별이 용이하도록 소수점 둘째자리에서 반올림한 다음 cor.matrix 객체에 할당한다. 이것을 corrplot( ) 함수를 이용해서 상관계수를 도식화하였다. 함수 내의 수치는 숫자의 크기와 굵기 등을 나타낸다(그림 3-8).

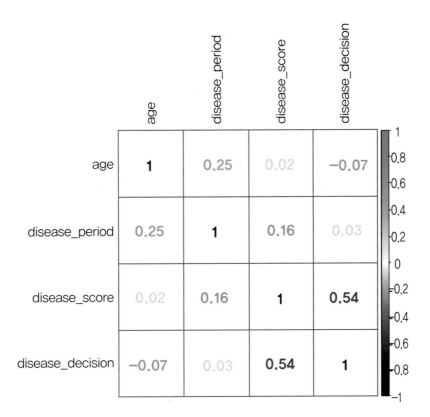

[그림 3-8] Correlation coefficient plot

　개별 변수들의 개수가 정확히 일치하지 않을 때(결측값이 포함된 변수가 있는 경우)는 여러 변수들을 하나의 매트릭스로 나타내는 상관계수가 계산되지 않거나, 개별 두 변수에서 계산된 수치와 차이가 발생할 수 있다. 따라서 이럴 때는 cor(data_numeric, use="pairwise") 함수에 pairwise 옵션을 추가하여 개별 변수별 결측값을 제외한 짝지은 검정을 실시한다.

3.7 회귀분석(Regression analysis)

두 연속형 변수의 상관관계를 규명하는 방법이 상관분석이라면, 두 변수 사이에 어떤 함수관계에 있는지 파악하고 나아가 종속변수가 독립변수들에 의해 어떻게 설명되는지 알아보는 방법이 회귀분석(regression analysis)이다.

회귀분석은 함수의 형태에 따라 여러 가지 모델로 나눌 수 있다. 변수들의 관계가 선형일 경우 1차 함수, 곡선 형태의 비선형일 경우 2차 혹은 3차 함수일 수도 있다. 보건의료에서는 일반적으로 선형성을 가정한 분석을 하기 때문에 1차 함수를 많이 사용하며, 2차 혹은 3차 함수를 사용하기도 한다. 그러나 비선형 함수처럼 차원이 높아질수록 원인과 결과에 대한 해석이 어렵기 때문에 사실상 잘 사용하지 않으며 오히려 비선형의 관계는 인공지능을 이용한 예측에서 다수 활용되는 편이다.

$$Y = a + b_1x_1 + b_2x_2 + \cdots + b_kx_k + \varepsilon$$

선형모형에서 종속변수(Y)가 하나일 경우 단변량 분석(univariate analysis)이며, 여러 개일 경우 다변량 분석(multivariate analysis)이라고 부른다. 독립변수 x가 하나일 경우 단순회귀분석(simple regression), 여러 개일 경우 다중회귀(multiple regression)분석이라고 한다. 따라서 일반적으로 많이 활용되는 함수인 종속변수가 하나이고, 독립변수가 여러 개인 일차 선형회귀방정식은 다중회귀분석(multiple regression)이다. 간혹 보건의료 논문에서 다변량 회귀분석(multivariate regression)이라고 부르지만 대부분은 종속변수가 하나인 다중회귀분석을 혼동해서 사용하고 있으니 주의해야 한다.

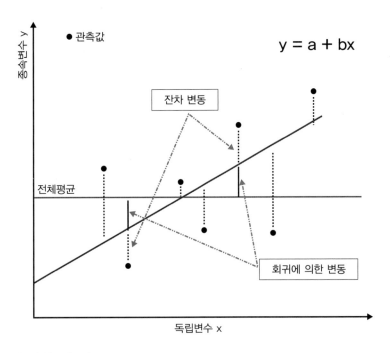

[그림 3-9] 회귀분석 최소제곱법

(그림 3-9)의 회귀직선을 살펴보자. 회귀방정식에서 a는 절편(intercept), b를 기울기 (slope)라고 한다. 절편은 임상적 의미가 크지 않으므로 회귀분석에서의 주요 관심사는 기울기를 구하는 것이다. 즉, 기울기 b는 x가 1단위 증가할 때 y의 평균적인 증가량을 의미한다. 따라서 기울기 b를 회귀계수(regression coefficient)라고 한다.

이러한 회귀방정식은 모든 관측값이 하나의 직선을 동시에 통과하는 것이 아니기 때문에 관측값들을 가장 잘 설명해 주는 회귀직선을 추정하는 것이 중요하다. 여러 방법 중 최소제곱법(least square 또는 ordinary least square, OLS)은 회귀분석을 위해서 고안된 것이다.

우선 가운데 직선은 전체 관측값의 평균이다. 이 평균으로부터 임의의 직선을 긋는데, 이 때 하나의 관측값을 기준으로 전체 평균에서 회귀직선까지의 변동은 회귀방정식으로 설명 가능한 변동이며(검정 실선), 회귀직선을 넘어서부터 해당 관측값까지의 변동은 설명되지 않는 잔차(residual) 변동(검정 점선)이다. 이 설명되지 않는 잔차변동을 모집단에서는 오차항 (error)이라고 부르지만 표본집단에서는 오차항을 직접 관찰할 수 없기 때문에 표본집단의 잔차를 오차항으로 간주한다. 따라서 최소제곱법은 모든 관측값을 가장 잘 설명해 주기 위해서 잔차의 제곱합이 최소가 되는 회귀직선을 설정하는 것이다.

회귀분석을 실시함에 있어서 기본적인 가정을 살펴보면 독립변수와 종속변수의 선형성, 오차항의 정규성, 독립성, 그리고 등분산성이 있다. 이는 해당 회귀방정식이 완성된 후 기본 가정을 검정함으로써 해당 분석의 타당도를 확인하여야 한다.

1) 단순회귀분석

계속해서 앞서 사용했던 객체 data를 활용하여, 독립변수 하나와 종속변수 하나를 넣고 단순회귀분석을 실시해 보자. 회귀분석 함수인 lm( )에 종속변수 disease_score와 독립변수 age, 그리고 해당 데이터셋인 data를 입력한다.

```
> reg <- lm(disease_score ~ age, data)
> summary(reg)

Call:
lm(formula = disease_score ~ age, data = data)

Residuals:
    Min      1Q   Median      3Q      Max
-17.3739  -5.5556  -0.7714   5.1309  22.1798

Coefficients:
            Estimate  Std. Error  t value   Pr(>|t|)
(Intercept) 15.81053   1.29694    12.191    <2e-16 ***
age          0.01629   0.01860     0.875     0.381
---
Signif. codes:  0 '***' 0.001 '**' 0.01 '*' 0.05 '.' 0.1 ' ' 1

Residual standard error: 7.748 on 1802 degrees of freedom
Multiple R-squared:  0.0004251,  Adjusted R-squared:  -0.0001296
F-statistic: 0.7663 on 1 and 1802 DF,  p-value: 0.3815
```

회귀분석 결과 disease_score=15.81+0.0163*age를 나타내었다. 특히 0.016은 연령이 1단위 증가할 때 disease_score가 증가하는 회귀계수이다. 그렇지만 해당 회귀계수는 p−value

0.381로 통계적으로 유의한 기울기를 나타내지는 못하였다.

2) 다중회귀분석

독립변수 여러 개와 종속변수 하나를 넣고 다중회귀분석을 실시한다. 종속변수 disease_score로 두고, 독립변수에 age, gender, disease_period를 사용한다.

```
> reg <- lm(disease_score ~ age+gender+disease_period, data)
> summary(reg)

Call:
lm(formula = disease_score ~ age + gender + disease_period, data = data)

Residuals:
    Min      1Q   Median      3Q      Max
-20.3037  -5.3440  -0.6199   5.1413  22.4596

Coefficients:
                Estimate  Std. Error  t value  Pr(>|t|)
(Intercept)     16.60292    1.31016   12.672   < 2e-16 ***
age             -0.01520    0.01896   -0.801     0.423
gender1          0.28439    0.36058    0.789     0.430
disease_period   0.29767    0.04302    6.920   6.26e-12 ***
---
Signif. codes:  0 '***' 0.001 '**' 0.01 '*' 0.05 '.' 0.1 ' ' 1

Residual standard error: 7.65 on 1800 degrees of freedom
Multiple R-squared: 0.02666,  Adjusted R-squared: 0.02504
F-statistic: 16.43 on 3 and 1800 DF, p-value: 1.549e-10
```

회귀분석 결과 disease_score=16.60−0.015age+0.284gendear+0.297disease_period 이다.

다중회귀분석에서는 확인하여야 할 수치가 다수 있다. 우선 전체 모형이 유의한지 확인하여야 한다. 결과창 제일 하단에 p-value=$1.549*10^{-10}$으로서 0.05보다 작아서 해당 회귀모형이 유의하다는 것을 확인하였다. 이제 각 개별 변수별 기울기를 확인해 보자. Age와 gender는 p-value가 통계적으로 유의하지 않고, disease_period의 회귀계수가 0.297(p-value < 0.001)로서 유의하다는 것을 알 수 있다. 이를 임상적으로 해석하면 disease_period가 1단위 증가할 때 disease_score는 0.297만큼 증가하며 이는 통계적으로 유의하다고 할 수 있다.

최종적으로 해당 모델의 설명력을 확인하여야 하는데, 본 모델의 adjusted R-square를 살펴보면 0.025로서 약 2.5%의 설명력을 지니고 있어서 매우 낮다고 할 수 있다.

따라서 연구자는 해당 모델을 설계할 때 위험요인(risk factor)을 찾는 것에 중점을 둘 것인지 아니면 전체 모델을 통한 예측에 중점을 둘 것인지 잘 고려하여야 한다. 물론 설명력도 높고 다수의 위험요인을 찾는 회귀방정식을 찾아낸다면 최적의 선택이 될 것이지만 해당 모델을 수렴하는 과정은 본 서의 범위를 넘어서기에 추가적인 학습을 권고한다.

회귀분석에서 중요한 체크포인트 중의 하나는 독립변수로 투입된 변수들 간의 상관성이다. 이를 다중공선성(multicollinearity)이라고 부르는데 VIF(variance inflation factor) 지수를 흔히 사용하며 10이상이면 다중공선성이 의심되므로 전진-후진-제거 등의 방법으로 다중공선성을 줄이는 모델을 만들어야 한다. 다중공선성은 해당 독립변수가 다른 독립변수들에 의해 충분히 설명된다면 불필요한 변수일 가능성이 높다는 것이다.

```
> library(car)
> car::vif(reg) #다중공선성 체크, library(car), car 패키지의 vif 함수를 사용한다는 뜻임.
library 없이 패키지를 바로 사용 가능함.
         age        gender disease_period
    1.066024      1.002065       1.063947
```

모든 변수의 값이 1에 머물러 있어 다중공선성을 일단 없는 것으로 판단한다.

3.8 로지스틱 회귀분석(Logistic regression analysis)

종속변수가 범주형 변수라면 로지스틱 회귀분석을 사용한다. 특히, 범주형인 종속변수가 2개의 범주로만 이루어진 이분형 변수일 때 이분형 로지스틱 회귀분석을 사용한다. 일반적으로 보건의료에서는 질병의 유무 또는 생존의 유무 등에 영향을 미치는 요인을 알아내는 데 많이 사용된다. 기존 회귀분석이 두 연속형 변수의 최소제곱법을 이용한 일반선형모형(general linear model)이라면, 로지스틱 회귀분석은 범주형 종속변수를 f(x)로 치환한 형태이며 최대우도법(maximum likelihood estimation, MLE, 최대가능도법)을 이용한 일반화 선형모형(generalized linear model)이라고 할 수 있다.

$$f(x) = g(Y) = \ln(p/1-p) = a + b_1x_1 + b_2x_2 + \cdots + b_kx_k + \varepsilon$$

종속변수가 두 개의 범주 0과 1로 나뉘어져 있다면 선형성을 가정하는 회귀식에 넣기가 곤란해진다. 따라서 우선 0과 1의 종속변수를 승산변환(odds)과 로그변환(log)을 실시하여 로짓변환(logit)을 완성한다.

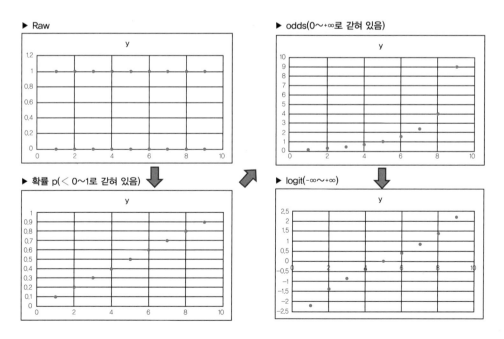

[그림 3-10] 로지스틱 회귀분석 로짓변환

(그림 3-10)의 원자료는 0과 1로 이루어져 있어서 분포의 제한이 있다. 먼저 확률변환하면 0과 1의 관측값들이 개별 확률로 뿌려지는데 선형성이 보이기는 하지만 결과가 0과 1에 갇혀 있는 구조가 된다. 따라서 이를 승산변환(p/(1-p))해 주면 0에서 +∞로 양의 방향만 풀어 주게 되며, 이어서 로그변환(ln(p/(1-p)))까지 실시하면 −∞에서 +∞로 음과 양의 방향을 모두 풀어 주게 되어 정규분포의 가정에 조금 더 가까워진다(Borenstein, 2009). 더욱이 전체 관측값도 선형성을 나타낸다. 이렇게 범주형 종속변수를 특정한 f(x)로 치환한 상태에서 회귀방정식을 이어가는데 이러한 변환을 로짓변환이라고 한다.

로지스틱 회귀분석에서는 최소제곱법 대신 최대우도법(또는 최대가능도법)을 통해서 회귀모형을 추정한다. 최대우도법은 주어진 위험인자들로부터 종속변수를 가장 잘 예측하는 모수를 추정하는 방법인데 마치 모수에서 특정값이 관찰될 확률을 p라고 한다면 p를 가장 잘 설명할 수 있는 모수를 거꾸로 추정하는 것이라고 할 수 있다. 그리고 모형에 필요한 변수를 결정하는 방법으로 우도비결정법(likelihood ratio test, LRT)을 사용한다.

> **Tip**
>
>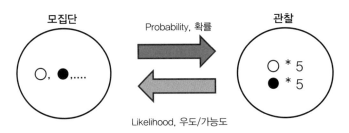
>
> [그림 3-11] 최대가능도
>
> 최대우도법을 설명할 때 반드시 이해해야 할 부분이 likelihood(L, 가능도, 우도)이다. 흰 구슬과 검은 구슬로 이루어진 알 수 없는 모집단에서 10번 추출한 자료에서 관찰된 흰 구슬의 확률은 5/10, 검은 구슬의 확률은 5/10이다. 이번에는 이런 확률로서 만약 100개의 모집단을 추론하면 흰 구슬은 약 100*5/10=50개, 검은 구슬은 100*5/10=50개 있을 것이며 이때의 흰 구슬과 검은 구슬의 우도는 각각 확률(π)가 5/10 때의 통계량이다. 다시 말해 확률과 가능도는 방향이 서로 반대이나 같은 의미를 나타낸다(그림 3-11).
>
> 이것을 조금 더 수리적으로 이해해 보자. 통계에서는 가능도를 추론할 때 최대우도법(maximum likelihood)을 사용하는데 만약 사건의 발생확률이 0.1에서 0.9까지 주어졌다고 가정한다면 이항분

포함수에서는 가능도를 다음과 같이 나타낼 수 있다.

Likelihood = $\pi^k * (1-\pi)^{n-k}$

흰 구슬이 전체 10번의 시행에서 5번이 관찰되었을 때 사건 발생확률(π)을 0.1에서 0.9까지 각각 계산해 보면 다음과 같은 가능도곡선을 만들 수 있다. 여기에서 사건 발생확률이 0.5일 때 가능도의 값 ($9.766*10^{-4}$)이 최대가 되므로 선택되어진다(그림 3-12).

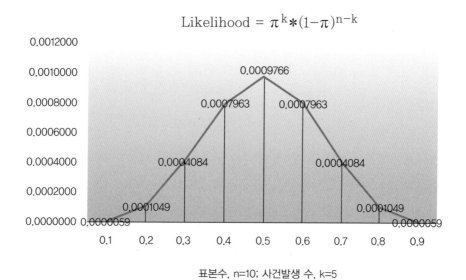

[그림 3-12] 가능도곡선

다시 정리하자면 일반화선형모형에서 모형의 가능도(likelihood)란 회귀계수가 해당 값들을 취한다고 가정하는 경우 관찰된 것과 같은 결과를 얻을 수 있는 확률을 의미하며 이 가능도를 최대로 해주는 회귀계수값들을 모형 내 계수들의 추정치로 선택하는 것을 최대가능도 추정치(MLE)라고 한다. MLE를 얻기 위해서는 반복 계산 절차를 사용해야 하며, 따라서 적절한 통계패키지가 필요하다. 물론 단위 연결(identity link) 함수를 사용하는 선형회귀모델(linear model)의 경우는 최소제곱법(OLS, ordinary least squares)을 사용하며 선형회귀모델은 MLE와 OLS의 추정치는 동일하다.

MLE = - ln(likelihood)

MLE 방법은 우도 함수(L)를 사용하되, 음의 로그 우도 함수값을 통계량으로 정의한다. 가장 적합한 모델은 가장 큰 우도 함수 값을 갖게 되므로 우도 함수값이 크면 클수록 음의 로그 우도 함수 값은 감소한다. 그러므로 MLE 값이 가장 낮은 값을 가진 모델이 데이터 분포와 가장 적합한 모델로 선택된다. MLE 방법은 후보 모델이 모분포보다 자유도가 높을 경우, 후보 모델의 우도값이 최대가 되는 다수의 파라미터를 자유롭게 선택할 수 있으므로 파라미터의 개수가 많은 후보 모델이 모분포로 선정될 확률이 높으며, 데이터 수가 적은 경우 그러한 경향은 더욱 강해지게 된다. 그러므로 모분포의 자유도가 후보 모델의 자유도보다 낮은 경우 잘못된 모분포를 선택할 확률이 높다.

따라서 표본의 수가 적거나 데이터가 불균형한 경우 MLE는 편향될 수 있으며 이를 보정하기 위해 REML(restricted maximum likelihood, 제한된 최대우도법)을 사용한다. REML방법은 주로 혼합 모형(mixed model)에서 다루어지는데 고정 모형(fixed model)에는 검정하고자 하는 관심 요인을 넣고, 랜덤 모형(random model)에는 관심 요인은 아니지만 통제가 필요한 요인과 오차항으로 구성되어 모형의 분산 구조에 영향을 끼친다. 즉, REML 방법은 고정 모형과 랜덤 모형의 분산이 합해져서 분산이 커지는 방향이므로 좀 더 보수적인 제한된 최대우도법이 된다.

1) 단순 로지스틱 회귀분석

독립변수 여러 개와 종속변수 하나를 넣고 다중 로지스틱 회귀분석을 실시한다. 로지스틱 회귀분석 함수인 glm( )에 종속변수 disease_decision과 독립변수 age, 그리고 해당 데이터셋인 data를 입력한다.

```
> log.reg <- glm(disease_decision ~ age, family=binomial, data)
> summary(log.reg)
Call:
glm(formula = disease_decision ~ age, family = binomial, data = data)
Coefficients:
            Estimate  Std. Error  z value  Pr(>|z|)
(Intercept)  3.808666    0.587115    6.487  8.75e-11 ***
age         -0.023961    0.008225   -2.913  0.00358  **
---
Signif. codes:  0 '***' 0.001 '**' 0.01 '*' 0.05 '.' 0.1 ' ' 1
(Dispersion parameter for binomial family taken to be 1)
    Null deviance: 1218.8  on 1803  degrees of freedom
Residual deviance: 1210.0  on 1802  degrees of freedom
AIC: 1214
Number of Fisher Scoring iterations: 5
```

로지스틱 회귀분석 결과 연령이 1단위 증가할 때 disease_decision이 회귀계수 −0.023으로 감소하는 것으로 나타났으며 통계적으로 유의하였다(p−value=0.003). 여기서 해당 회귀계수는 로그 값이기 때문에 제대로 된 해석을 위해서는 지수 변환을 실시하여 해석한다. 따라서 위험도 값인 OR로는 0.976(=exp(−0.0239))이기 때문에 연령이 1단위 증가할 때 disease_decision은 2.4% 감소한다고 해석할 수 있다.

2) 다중 로지스틱 회귀분석

독립변수 여러 개와 종속변수 하나를 넣고 다중 로지스틱 회귀분석을 실시한다. 로지스틱 회귀분석 함수인 glm( )에 종속변수 disease_decision과 독립변수 age, gender, disease_period를 투입하고 그리고 해당 데이터셋인 data를 입력한다.

```
> log.reg <- glm(disease_decision ~ age+gender+disease_period,
family=binomial, data)
> summary(log.reg)
Call:
glm(formula = disease_decision ~ age + gender + disease_period,
   family = binomial, data = data)
Coefficients:
             Estimate  Std. Error  z value   Pr(>|z|)
(Intercept)  3.981037    0.602172    6.611  3.81e-11 ***
age         -0.027971    0.008498   -3.292  0.000996 ***
gender1     -0.080483    0.153825   -0.523  0.600828
disease_period0.037034  0.020687    1.790  0.073425 .
---
Signif. codes: 0 '***' 0.001 '**' 0.01 '*' 0.05 '.' 0.1 ' ' 1
(Dispersion parameter for binomial family taken to be 1)
    Null deviance: 1218.8  on 1803  degrees of freedom
Residual deviance: 1206.2  on 1800  degrees of freedom
AIC: 1214.2
Number of Fisher Scoring iterations: 5
```

개별 변수별 결과를 확인해 보자. Gender와 disease_period는 p-value가 통계적으로 유의하지 않고, age의 회귀계수가 −0.027(p-value < 0.001)로서 유의하다는 것을 알 수 있다. 이를 임상적으로 해석하면 age가 1단위 증가할 때 disease_decision는 −0.027만큼 감소하며 이는 통계적으로 유의하다고 할 수 있다.

```
> car::vif(log.reg) #다중공선성 체크
      age        gender  disease_period
  1.058666    1.002722         1.056025
```

VIF 지수 확인 결과 모든 변수의 값이 1에 머물러 있어 다중공선성을 일단 없는 것으로 판단한다.

각 회귀계수가 로그값이어서 해석이 불편할 수 있으니 이를 한꺼번에 위험도 값으로 변환해 주는 함수를 사용해 보자.

```
> jtools::summ(log.reg, exp=T, digits=4) #summ함수를 쓰기 위해, summary가 아님.
#library(jtools), install.packages("jtools")
MODEL INFO:
Observations: 1804
Dependent Variable: disease_decision
Type: Generalized linear model
  Family: binomial
  Link function: logit
MODEL FIT:
χ²(3) = 12.6357, p = 0.0055
Pseudo-R² (Cragg-Uhler) = 0.0142
Pseudo-R² (McFadden) = 0.0104
AIC = 1214.1645, BIC = 1236.1555
Standard errors:MLE
---------------------------------------------------------------------------
```

	exp(Est.)	2.5%	97.5%	z val.	p
(Intercept)	53.5725	16.4578	174.3860	6.6111	0.0000
age	0.9724	0.9564	0.9887	-3.2916	0.0010
gender1	0.9227	0.6825	1.2473	-0.5232	0.6008
disease_period	1.0377	0.9965	1.0807	1.7902	0.0734

jtools 패키지 내에 sum( ) 함수를 사용하면 로그 값을 지수변환해 주어 해석이 편리하다. 로지스틱 회귀분석에서 생성된 객체 log.reg를 넣기만 하면 된다.

개별 변수들의 OR값과 p-value가 잘 나타나 있어 즉각적인 해석이 가능하다.

jtools 패키지 이외에도 moonBook 패키지 내 extractOR( ) 함수도 동일한 기능을 수행하니 연구자들이 추가로 살펴보기를 권한다.

4

성향점수분석 이론

성향점수분석(propensity score analysis)은 주로 사회과학연구에서 원인변수와 결과변수[1] 사이의 관계를 다루다 보니 보건의료 연구 관점에서는 용어와 개념이 달라서 이해의 어려움이 있다. 또한 관련 책들이 국내에 출시되어 있지만 학습 범위가 너무 넓어서 개념 정리가 어렵고 특히 보건의료에 적용하기에는 적합하지 않기 때문에 이번 챕터를 통해서 보건의료데이터에 바로 적용할 수 있는 실용적인 내용과 실습방법들을 설명하겠다.

4.1 관찰연구와 무작위배정연구의 차이

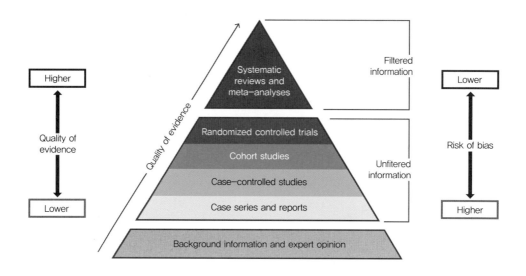

[그림 4-1] 근거수준 피라미드

근거수준 피라미드에서 상위로 갈수록 연구의 근거수준은 좋아지며 상대적으로 연구의 삐뚤림(bias)은 낮아지는 경향이 있어서 좋은 연구로 받아들여진다(그림 4-1). 근거수준 피라미드에서 제일 하단의 기초연구와 제일 상단의 체계적 문헌고찰과 메타분석(systematic review and meta-analysis)을 제외하고 실제 보건의료에서 가장 많이 실행되는 연구디자인은 환자-대조군연구(case-control study), 코호트연구(cohort study), 무작위배정 임상연구(randomized controlled trials, RCT)가 대표적이다.

---

1. 원인변수는 독립변수, 설명변수 등과 같은 의미이며 결과변수는 종속변수, 반응변수 등과 같은 의미이다.

[표 4-1] 관찰연구에서의 교란변수 영향

변수	Treatment	Control	P-value
평균연령	70세	20세	< 0.05
사망	많음	적음	< 0.05

여기서 환자-대조군 연구와 코호트 연구는 관찰연구로서 치료변수 이외에 여러 공변량들이 교란변수(confounder)로 작용할 가능성이 있기 때문에 실제 치료와 결과 사이의 인과관계를 추정하는 데 어려움이 발생할 수 있다.

예를 들어, 관찰연구에서 특정 치료의 효과를 알아보기 위해 자료를 분석한 결과, (표 4-1)과 같은 결과가 나왔다고 가정하자. 치료의 관점에서 보면, 치료군이 대조군에 비해 통계적으로 유의하게 사망률이 높으므로, 치료는 오히려 사망을 높인다고 해석할 수 있을 것이다. 그러나 이러한 해석이 과연 올바른지에 대해 의문이 생길 수 있다. 왜냐하면 두 집단 간에는 치료 여부뿐만 아니라 평균 연령의 차이도 크게 나타나므로, 실제 사망률의 차이가 연령 차이로 발생할 수 있다는 가능성을 배제할 수 없기 때문이다.

이처럼 우리가 관심을 갖고 있는 주요한 치료나 약물 이외에 다른 변수가 교란변수로 작용할 경우, 인과관계의 해석이 어려워질 수 있다.

따라서 일반적으로 의료기술이나 약물의 효능(efficacy)을 연구할 때 비뚤림(bias, 편향)을 줄이기 위한 목적으로 무작위배정 임상연구(randomized controlled trials, RCT)를 수행한다. 무작위배정은 임상시험에 참여하는 대상자들을 치료군(약물 투여 집단)과 대조군(위약 투여 집단 혹은 다른 치료를 받는 집단)에 무작위로 할당하여 결과를 비교하는 방법이다.

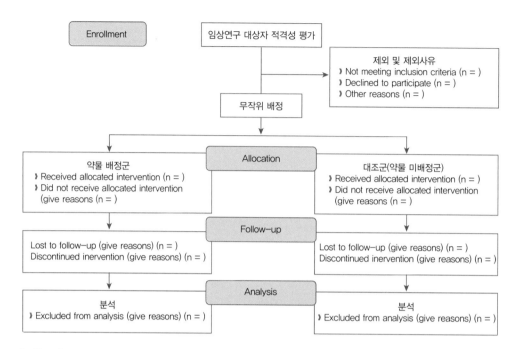

[그림 4-2] CONSORT flow diagram. Falci SGM, Marques LS. Consort: when and how to use it. Dental Press J Orthod. 2015 May−June;20(3):13−5

이러한 무작위배정 임상연구를 실시하는 이유는 삐뚤림(bias)과 오류를 최소화할 수 있기 때문이다. 무작위로 배정된 후에 수집된 연구자료들은 통계적 분석의 전제조건인 무작위 확률(random probability)을 충족시키므로 다른 공변량들의 영향을 통제한 상태에서 해당 약물의 영향을 직접적으로 평가할 수 있다. 이러한 이유로 무작위배정 임상연구는 임상연구의 표준(standard)으로 인정받고 있다.

Basic situation	Group KP (n = 67)	Group P (n = 70)	χ²	p-Value
Gender (n/percentage)				
Male	24 (35.8%)	23 (32.9%)	-	-
Female	43 (4.2%)	47 (67.1%)	0.034	.853
Age (year)	65.76 ± 3.98	65.62 ± 3.92	-	.834
BMI	22.37 ± 2.35	21.73 ± 2.41	-	.122
Complication (n/percentage)				
Hypertension	29 (43.3%)	27 (38.6%)	0.315	.575
Diabetes	9 (13.4%)	15 (21.4%)	1.012	.314
Atherosclerosis	4 (6.0%)	2 (2.9%)	0.223	.637
Hyperlipidemia	6 (9.0%)	8 (11.4%)	0.038	.845
Antidepressant medication (n/percentage)				
SSRI	50 (74.6%)	53 (75.7%)	0.003	.960
SNRI	10 (14.9%)	12 (17.1%)	0.015	.904
NASSA	18 (26.9%)	20 (28.6%)	0.001	.974

[그림 4-3] Demographic and baseline disease characteristics. Zou L, Min S, Chen Q, Li X, Ren L. Subanesthetic dose of ketamine for the antidepressant effects and the associated cognitive impairments of electroconvulsive therapy in elderly patients—A randomized, double-blind, controlled clinical study. Brain Behav. 2021 Jan;11(1):e01775.

(그림 4-3)은 무작위배정 임상연구에서 일반적으로 제시하는 연구 개시 시점(baseline)에서의 공변량 분포의 예시를 보여준다. 치료군과 대조군에서 연령, 성별, BMI, 합병증 등이 한 쪽으로 치우치지 않았으며 잘 분포된 것을 볼 수 있다.

정리하면, 무작위배정 임상연구의 경우 개체를 배정할 때 각 집단으로 무작위로 배정되므로, 주요 관심 변수인 치료의 여부 이외의 다른 공변량들(예, 연령, 성별, 합병증 등)이 특정 집단으로 치우칠 가능성이 적다. 따라서 선택 편향(selection bias)의 발생 가능성도 적다고 할 수 있다.

반면, 관찰연구는 연구 개시 시점(baseline)에서 이미 다른 공변량들(예, 연령, 성별, 합병증 등)이 한 집단으로 치우칠 가능성을 배제할 수 없기 때문에 선택 편향의 발생 가능성이 높다. 이로 인해 내적 타당도에 심각한 오류가 발생할 수 있으며, 치료 효과에 대한 정확한 인과관계를 설명하는 데 어려움이 발생할 수 있다.

■ 삐뚤림을 제거하는 통계적 방법

그렇다면 모든 연구디자인을 무작위배정 임상연구를 실시해서 이러한 삐뚤림을 사전에 차단하는 것이 가장 좋을 것이다. 그러나 연구디자인을 고려함에 있어서 윤리적 또는 현실적인 문제에 따라서 무작위배정 임상연구가 불가능할 수 있다. 더욱이 이미 관찰이 완료되어 후향적(retrospective)으로 접근할 수밖에 없는 경우 이러한 선택 편향을 제거하는 방법은 다중회귀분석(multiple regression analysis)을 활용하는 방법과 성향점수분석(propensity score analysis)을 활용하는 방법이 있다.

회귀분석을 활용하는 방법은 관심 변수인 T와 결과 변수인 Y의 관계를 분석할 때, 결과 변수에 영향을 미칠 수 있는 공변량 X_1(연령)과 X_2(성별) 등도 함께 회귀모형에 투입하는 것이다.

$$g(Y) = a + bT_1 + b_1x_1 + b_2 x_2 + \cdots + b_kx_k$$

이는 해당 관심 변수 T의 효과 크기를 분석할 때, 다른 공변량들은 통제(adjust)된 상태에서 값을 산출할 수 있도록 한다. 다중회귀분석은 보건의료분야에서 가장 일반적으로 활용되는 교란변수 보정 방법이지만, 이것이 반드시 만족스러운 결과를 보장하는 것은 아니다. 그 이유는, 다중회귀방정식에서 공변량들을 투입할 때 최적의 모형을 찾기 위해 여러 번의 교정(correction) 작업이 필요하기 때문이다. 이 과정에서 최적의 모델 적합도를 찾아내기 위해 공변량과 결과 변수 간의 임상적 관련성뿐만 아니라 공변량들 간의 상호작용도 다각도로 고려해야 하므로, 결코 간단한 방법이 아니다.

> 참고) Peduzzi의 룰에 따르면 10개 케이스당 하나의 독립변수가 분석 가능하기 때문에, 보정해야 할 공변량들이 많다면 추가로 고려할 요소들이 많아진다(Peduzzi, 1996).

성향점수분석을 활용하는 방법은 로지스틱 회귀분석(logistic regression)과 같은 통계기법을 사용하여 성향점수를 계산하고, 비교 대상인 두 군에 속한 개체의 성향점수가 유사하도록 매칭하거나 가중치를 부여하는 것이다. 연구자는 종속변수(처치 여부)에 영향을 미칠 수 있는 여러 독립변수(공변량)를 사용하여 성향점수를 계산한다. 다시 말해, 성향점수는 어떤 환자가 여러 공변량이 주어진 상황에서 치료를 받을 확률로 정의할 수 있다(Rubin, 2005;

Rosenbaum & Rubin, 1983). 성향점수는 결과변수(예: 사망 여부, 치료 효과 등)와는 무관하게 치료받을 확률을 계산할 수 있으며, 여러 공변량을 하나의 성향점수라는 1차원 값으로 축소할 수 있기 때문에 공변량이 많더라도 분석에 활용하기 적합한 방법이다. 환자별 성향점수를 계산한 뒤 이를 활용하여 매칭하거나 가중치를 적용해 두 군(치료받은 집단과 치료받지 않은 집단)을 보정하면, 초기의 선택 편향을 효과적으로 제거할 수 있다.

4.2 성향점수분석 심화

성향점수분석(propensity score analysis)은 준실험연구(quasi-experimental design)의 대표적인 기법 중 하나로, 무작위 배정(random assignment)을 사용하지 않은 상황에서도 통계적 모델링을 통해 무작위배정 임상연구와 유사한 조건을 만들고, 특정 처치(treatment)가 결과변수에 미치는 영향을 추정하는 방법이다. 교란변수(confounders)로 인해 발생할 수 있는 치료 선택 편향(selection bias)을 교정하려는 목적으로 사용된다. 구체적으로, 성향점수(propensity score)는 어떤 대상이 처치군에 속할 확률을 추정한 값으로, 이는 대상의 여러 관찰된 특성(예, 나이, 성별, 건강 상태 등)을 반영하여 계산된다.

성향점수를 이용한 분석기법에는 주로 두 가지가 있다. 성향점수가 유사한 환자들을 처치군과 비처치군으로 짝지어, 두 집단 간의 비교를 통해 처치 효과를 추정할 수 있도록 매칭하거나, 마치 무작위배정을 통해 두 집단이 유사한 특성을 가지는 것처럼 각 환자의 성향점수에 따라 가중치를 부여하여 분석을 수행한다. 이러한 성향점수 기반 기법은 통계적으로 무작위 임상시험과 유사한 상황을 만들어, 관찰연구에서 발생할 수 있는 선택 편향을 줄이고 처치 효과를 보다 신뢰성 있게 추정할 수 있도록 한다(Rubin, 2005; Rosenbaum & Rubin, 1983).

■ 무작위 배치화 가정

성향점수분석에 있어서 핵심적인 이론적 가정은 무작위 배치화 가정(ITAA, ignorable treatment assignment assumption)인데, 이는 '자기선택 편향'을 발생시키는 공변량들(교란변수, confounders)의 조건에 따라, 개체가 치료집단에 속할 확률이 잠재 결과들과 독립적일 수 있다는 것이다. 즉 '자기선택 편향'을 발생시키는 모든 공변량을 통제할 수 있다면, 관측연구 데이터라고 하더라도 실험연구 데이터처럼 변환시킬 수 있다는 것이다. 이러한 성향점수분석기법을 조건부 독립성 가정(conditional independence assumption)이라고도 한다.

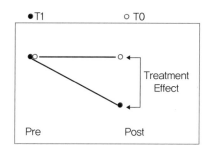

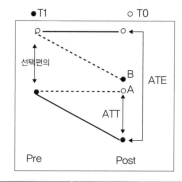

혈압수치		YO	Y1
Treatment	T1	A	−10
Control	T0	0	B

혈압수치		YO	Y1
Treatment	T1	A=E[Y(0)|T=1]	−10=E[Y(1)|T=1]
Control	T0	0=E[Y(0)|T=0]	B=E[Y(1)|T=0]

[그림 4-4] 실험설계 (ATE, ATT, ATC)

성향점수분석을 이해하기 위해서는 인과관계 설명에서 주로 사용하는 치료 효과의 용어들을 이해할 필요가 있다.

ATE(average treatment effect)는 평균치료효과, ATT(average treatment effect for treatment)는 치료받은 그룹에서의 평균치료효과, 그리고 ATC(average treatment effect for control)는 치료받지 않은 그룹에서의 평균치료효과를 나타낸다.

또한 성향점수분석의 이론적 배경인 루빈인과모형에서 다루는 대안사실(counterfactual) 혹은 잠재결과(potential outcome)의 개념을 이해해야 한다. 대안사실은 우리말로의 번역이 까다로운데 '반사실적 관계' 혹은 '반사실적 조건' 등 여러 가지 단어로 알려지고 있다. 간단히 말하면 이미 치료를 받은 환자가 만약 '치료받지 않았더라면~' 또는 이미 치료를 받지 않은 환자가 만약 '치료를 받았더라면~' 어떤 결과를 나타냈을 것이다라고 가정하는 것이다.

예를 들어 (그림 4-4)의 좌측 선택 편향이 없을 것이라고 생각하는 실험설계를 살펴보자. 검정 동그라미 T1은 치료를 받은 것을 나타내며 흰색 동그라미 T0는 치료를 받지 않은 것을 나타낸다. 따라서 그림 하단의 테이블에서 T1(치료 받은 그룹)의 Y1(치료 결과)과 T0(치료 받지 않은 그룹)의 Y0(치료 받지 않은 결과)는 실제 효과 크기로 나타난다. 그러나 대안사실에 해당하는 만약 T1(치료 받은 그룹)이 Y0(치료 받지 않은 결과)와 T0(치료 받지 않은 그룹)

이 Y1(치료 결과)는 관찰되지 않기에 문자 A와 B로 나타낸 것이다. 여기서 우리가 이해하는 치료의 효과 ATE는 Y1(치료 결과)과 Y0(치료를 받지 않은 결과)의 차이에 해당하는 −10− 0=−10을 구할 수 있다. 왜냐하면 연구 시작 시점에 T1과 T0가 동일했고 선택 편향이 없다고 판단했기 때문이다.

이를 각 치료효과별 사전−사후의 차이를 이용해서 수학적으로 표현하면 다음과 같다.

ATT(average treatment effect for treatment)=−10−A(우리의 관심사항)
ATC(average treatment effect for control)=B−0(우리 관심사항이 아니다)
선택 편향(selection bias)=A−0(연구 시작 시점에서의 두 집단의 차이)
ATE=ATT+선택 편향=−10−A+(A−0)=−10

그러나 실제 관찰연구에서의 현실은 (그림 4−4)의 우측과 같이 발생한다.

동일하게 검정 동그라미 T1은 치료를 받은 것을 나타내며 흰색 동그라미 T0는 치료를 받지 않은 것을 나타낸다. 여기서는 추가적으로 대안사실을 점선으로 같이 나타내었는데 실선은 실제 관찰값이고 점선의 값(A, B)은 관찰되지 않는다. 이것은 치료를 선택한 T1이 치료를 받지 않았다면 나타낼 수 있는 A와 치료를 선택하지 않은 T0이 치료를 받았다면 나타낼 수 있는 B를 뜻하는 것으로 발생하지는 않았지만 만약 발생했다면 나타날 수 있는 대안사실(counterfactual) 또는 잠재 결과(potential outcome)이다.

여기서 평균치료효과 ATE를 계산하기 위해서는 ATT와 선택 편향을 알아야 하고 이를 위해서는 대안사실 A와 B를 정확히 알아야 한다. 또한 선택 편향이 너무 크다면 ATE가 선택 편향에 따른 결과인지 실제 치료의 효과인지 정확히 알 수 없다.

그래서 처음부터 선택 편향을 0(zero)로 만들자. 관측되는 control의 E(Y(0)|T=0)를 가져와서 Treatment의 E(Y(0)|T=1)로 사용하자 그럼 선택 편향은 없어진다. 즉, baseline에서 두 그룹 간의 차이가 없도록 무작위화(randomization)하는 준실험설계를 통한다면 좌측 그림과 마찬가지로 ATE=ATT+선택 편향=ATT+0=−10−A+(A−0)=−10 로 해석 가능하다.

1) 성향점수 만들기

여러 공변량들이 주어졌을 때 치료집단에 배치될 확률 즉, 성향점수를 계산해 보자.

$$g(Y) = a + bT_1 + b_1x_1 + b_2x_2 + \cdots + b_kx_k$$

우선 우리가 궁금한 것은 치료 변수 T가 최종 결과 변수 Y에 미치는 효과를 알아보려고 하는데, 이미 T의 여부에 따라서 개별 공변량들의 선택 편향이 발생할 경우 이를 보정하려고 한다. 따라서 T를 종속변수로 하는 회귀방정식을 설정한다.

$$g(T) = a + b_1x_1 + b_2x_2 + \cdots + b_kx_k$$

Rosenbaum & Rubin이 최초 제안한 성향점수 추정 방법은 로지스틱 회귀분석을 이용하여 계산하였는데 최근에는 다양한 통계 모형 프로빗 모형(probit model) 또는 기계학습의 random forest model 등도 활용되고 있다.

기본적인 로지스틱 회귀분석 모형에서 종속변수로는 치료(1, 치료집단 vs 0, 치료 받지 않은 집단)를 독립변수로는 여러 공변량을 생각할 수 있다.

예를 들어 항암치료의 효과를 분석하기 위한 관찰연구자료에서 항암치료(1, 치료 함 vs 0, 치료 안 함)가 종속변수이고, 성별(1, 남자 vs 0, 여자), 연령(1, 고연령 vs 0, 저연령), 흡연 여부(1, 흡연 vs 0, 비흡연), 그리고 고혈압 여부(1, 고혈압 vs 0, 정상) 등은 공변량이다. 따라서 종속변수에는 항암치료를 투입하고 독립변수에는 성별, 연령, 흡연 여부, 고혈압 여부 등을 투입하면, 공변량들을 고려했을 때 해당 환자가 치료받을 확률(성향점수)을 구할 수 있다.

■ 성향점수 계산하기

성향점수에 대한 이해를 돕기 위해 아래 예제를 이용해서 성향점수를 간단히 계산해 보자.

id	사망	연령집단	치료	T = a + bx에서 T가 1이될 확률		
	y	x	t	ps	ipw	sw
1	1	높음	1	0.1	10	3.333333
2	1	높음	0	0.1	1.111111	0.740741
3	1	높음	0	0.1	1.111111	0.740741
4	1	높음	0	0.1	1.111111	0.740741
5	1	높음	0	0.1	1.111111	0.740741
6	0	높음	0	0.1	1.111111	0.740741
7	0	높음	0	0.1	1.111111	0.740741
8	0	높음	0	0.1	1.111111	0.740741
9	0	높음	0	0.1	1.111111	0.740741
10	0	높음	0	0.1	1.111111	0.740741
11	1	낮음	1	0.8	1.25	0.416667
12	1	낮음	1	0.8	1.25	0.416667
13	1	낮음	1	0.8	1.25	0.416667
14	1	낮음	1	0.8	1.25	0.416667
15	1	낮음	0	0.8	5	3.333333

▶ 성향점수 계산하기

[그림 4-5] 성향점수 계산하기

(그림 4-5)에서 우선 사망이라는 최종 결과변수는 제외하고 개별 환자들이 치료를 받을 확률을 구해 보자.

$$g(T) = a + b_1x_1$$

T가 치료 여부(1, 치료함 vs 0, 치료 안 함)이며, x_1은 연령집단(높음 vs 낮음)일 때, 연령이 높은 사람은 10명이며(id 1~10번) 이들 중 치료를 받을 확률은 0.1(=1/10)이다. 따라서 해당 환자들은 모두 성향점수 0.1을 갖게 된다. 반대로 연령이 낮은 사람은 5명이며(id 11~15번) 이들 중 치료를 받을 확률은 0.8(=4/5)이다. 따라서 해당 환자들은 모두 성향점수 0.8을 갖게 된다.

매우 극단적인 예제를 들어서 성향점수를 구했기 때문에 두 집단이 비슷한 성향점수를 갖는 공동지지영역(common support region)이 보이지 않지만 큰 데이터셋에서는 성향점수 로지스틱 회귀방정식에 투입되는 독립변수의 개수와 실제 표본의 분포에 따라서 보다 다양한 범위의 성향점수가 산출된다.

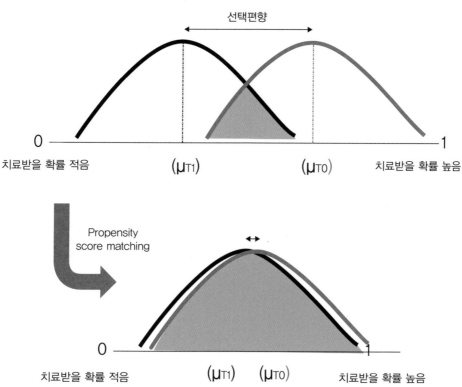

[그림 4-6] 성향점수 매칭 분포

(그림 4-6)의 상단은 관찰연구에서 얻어진 자료의 분포를 나타낸 것으로 왼쪽 검정색 치료집단과 오른쪽 파란색 치료받지 않은 집단의 각 환자별 성향점수를 구하면 두 집단의 평균은 연구 시작 시점에서 심각한 선택 편향을 나타내고 있다. 따라서 이를 두 집단의 분포가 겹치는 중앙의 공동지지영역(common support region)을 매칭(짝짓기) 방법을 통해서 별도로 추출하면 공동지지영역에서 두 집단의 성향점수가 유사하기 때문에 성향점수를 구성하는 각각의 개별 공변량인 성별, 연령, 흡연 여부, 고혈압 여부에서도 두 집단은 유사하게 변환된다. 즉 처음 두 집단의 개별 공변량들이 선택 편향을 보이더라도 이를 성향점수 매칭을 통해서 새로운 데이터로 구성하면 두 집단의 선택 편향은 제거된다는 것이다. 마치 무작위배정 임상시험처럼 연구 개시 시점에서 무작위배정의 효과를 줄 수 있게 된다.

2) 성향점수분석의 가정

사실 성향점수분석의 가정은 해당 가정 하나하나가 분석의 가정이자 성향점수분석으로서 해결할 수 없는 단점이라고 해석할 수 있다.

■ 조건부 독립성 가정

앞에서 살펴본 자기 선택 편향을 발생시키는 공변량들을 모두 통제할 수 있다면 관측 연구 데이터라고 하더라도 실험연구 데이터처럼 변환시킬 수 있다는 것을 확인하였다. 즉, 정확한 PS를 계산하기 위해서는 선택 편향을 일으키는 모든 공변량을 파악해야 한다는 것이고 숨겨진 공변량이 없다는 가정이 필요하다. 물론 실질적으로 관련된 공변량을 모두 알 수 있는 것은 불가능하기 때문에 민감도 분석 등을 병행함으로써 관련 결과의 타당성을 제시하는 것을 추천한다.

■ 변수의 독립성과 상호작용 배제

종속변수와 독립변수 또는 독립변수들 사이는 서로 독립이어야 하며, 독립변수들은 심각한 상호작용이 없어야 한다. 사실 (그림 4-4)의 우측 실제 관찰되는 실험설계에서 우리는 대안 사실인 $A=E(Y(0)|T=1)$(치료 받은 환자가 만약 치료를 받지 않았다면 발생했을 결과)를 알지 못하기 때문에 관찰되어진 $0=E(Y(0)|T=0)$(치료 받지 않은 환자가 치료를 받지 않았을 때 발생한 결과)로 차용하였다. 이것이 가능했던 이유는 연구 개시 시점에서 선택 편향이 0이면 출발점이 동일하기 때문에 사후 결과도 옆으로 평행할 것으로 추정하기 때문이다. 그런데 만약 이 치료가 다른 공변량과의 상호작용으로 인해서 선택 편향이 없음에도 불구하고 옆으로 평행하게 가지 않고 아래나 위로 특정 방향을 만든다면 이것은 성향점수분석에서 예측 가능한 문제가 아니게 된다.

■ 성향점수는 0과 1 사이에 존재

어떤 공변량에 대한 성향점수는 완전히 0 또는 1일 수는 없다. 이것은 치료 받을 확률을 결정할 때 특정 공변량이 예외 없이 모두 치료받을 확률 0 또는 1로 결정된다면 해당 변수는 성향점수 계산에서 제외하여야 한다. 사실 이 부분은 성향점수를 계산하기 위한 회귀방정식에서 투입되는 독립변수를 결정할 때의 문제로 귀결된다.

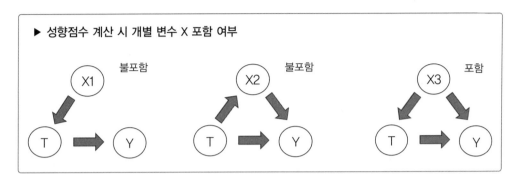

▶ 성향점수 계산 시 개별 변수 X 포함 여부

불포함   불포함   포함

[그림 4-7] 성향점수 계산 시 개별 변수 선택

최종 결과변수 Y(사망), 치료변수 T(치료), 그리고 개별 변수 X(연령, 성별, 흡연 등)가 주어 졌다고 가정하자. 기본적으로 성향점수를 계산할 때, 최종 결과변수 사망에 영향하는 개별 변수는 기본적으로 성향점수 회귀방정식에 포함하고 영향을 주지 않으면 제외한다. 만약 개 별 변수 X3가 치료와 결과변수에 둘 다 영향하면 성향점수 회귀방정식에 독립변수로 포함해 야 한다. 그러나 치료변수 T에만 영향하고 결과변수 사망에 영향을 주지 않는 개별변수 X1은 포함하지 않는다(그림 4-7).

■ 공동지지영역 존재

(그림 4-6)에서 살펴본 두 집단의 분포가 겹치는 중앙의 공동지지영역(common support region)이 존재해야 이 성향점수를 기반으로 매칭과 가중치라는 다음 분석을 이어갈 수 있 게 된다.

3) 성향점수 매칭(propensity score matching)

성향점수 매칭의 방법은 다양한 연구에서 상세히 밝히고 있으나 너무 복잡하다. 따라서 본 서에서는 간단하게 3단계로 설명하고자 한다.

첫 번째, 원자료에서 각 환자별 성향점수를 구한 다음 치료 받은 그룹과 치료를 받지 않은 그룹 사이에서 성향점수가 비슷한 환자들끼리 매칭을 실시한다.

두 번째, 매칭을 통해서 새롭게 추출한 데이터에서 개별 공변량들의 분포를 확인하여 무작위배정이 잘 되었는지 판단한다.

세 번째, 새로운 데이터셋이 개별 공변량들의 분포가 잘 이루어졌고 선택 편향이 제거되었다면 치료변수와 결과변수의 분석을 실시한다.

성향점수의 매칭 방법은 매우 다양하지만 정해진 규칙은 없다. 일반적으로 많이 활용하는 최근접 이웃 매칭(nearest-neighbor matching)과 최적 매칭(optimal matching)에 대해서 알아보자.

(1) 최근접 이웃 매칭(nearest-neighbor matching)

가장 자주 사용되는 매칭 방법 중 하나로서, 각 그룹 내에서 가장 비슷한 성향점수를 가진 사람들끼리 매칭하는 것이다. 물론 하나씩 짝을 이루면 1:1 매칭이 될 것이며 경우에 따라서는 1:N 매칭 또는 그 반대의 경우도 가능하다. 1:N 매칭을 통해서 표본이 증가하면 연구의 검정력이 증가하지만 그와 동시에 선택 편향이 증가하게 되니 전체적인 개별 공변량들의 분포를 확인하면서 실행해야 한다.

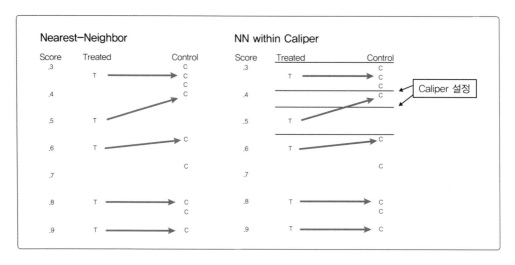

[그림 4-8] 최근접 이웃 매칭과 caliper를 이용한 최근접 이웃 매칭

최근접 이웃 매칭은 비슷한 성향점수를 가진 사람들끼리 매칭하는 것인데, 만약 최근접 이웃의 성향점수 차이가 매우 크다면 매칭의 질이 낮아지게 된다. 이때 최대 성향점수의 거리(caliper)를 한계치로 설정해 놓으면 이를 회피할 수 있다. 이러한 caliper의 허용치에 대해서는 Rosenbaum & Rubin의 연구에 따르면 성향점수 표준편차의 1/4 크기를 제안하고 있다(Rosenbaum & Rubin, 1985).

(2) 최적 매칭(optimal matching)

가장 최근에 소개된 최적 매칭은 짝짓기를 최적화하며, 관찰연구에서 삐뚤림(bias)을 통제하는 데 가장 많이 사용된다. 매칭 방법은 유사한 성향점수를 가진 치료군과 대조군의 환자들을 하나의 계층(stratum)으로 분류하여, 자료 전반에 걸쳐 층화(stratification)를 시행한다. 여러 개의 계층으로 나누어지는 과정 중에 짝짓기가 이루어지며, 각 계층 내에서 치료군과 대조군 표본수의 비율에 따라 매칭 순서가 결정된다. 특히 최적 매칭은 전체 표본에 대한 성향점수의 통계적 거리(statistical distance)를 최소화하는 계층을 만들어 통계분석을 시행한다(Austin, 2011).

쉽게 비유하자면 회귀방정식의 최소제곱법처럼 잔차의 제곱이 최소화할 수 있는 방정식을 만드는 것과 유사하게 최적 매칭은 전체 치료군과 전체 대조군 사이의 거리를 모두 계산해서 통계적 거리가 가장 최소화될 수 있는 알고리즘을 따라가는 것이다.

최근접 이웃 매칭과 최적 매칭의 차이를 살펴보면 최근접 이웃 매칭은 random matching일 경우 매칭 순서에 따라 다른 결과를 줄 수 있지만, 최적 매칭은 전체 거리를 계산하기에 항상 동일한 매칭 데이터를 제공한다. 최적 매칭은 전체 표본에 대한 거리를 줄이는 데 도움이 되지만, 개별 치료군과 개별 대조군 간의 균형 있는 공변량 형성에는 큰 도움이 되지 않는다는 보고도 있으며(Gu & Rosenbaum, 1993) 특히 Austin(2014)은 최적 매칭과 최근접 이웃 매칭은 같은 수준의 공변량 분포를 나타낸다고 보고하고 있다.

4) 성향점수 가중치(propensity score weighting)

성향점수 매칭은 두 집단 내에서 공동지지영역의 표본만을 추출하는 것이니 전체 표본수에서의 감소가 불가피하다. 이처럼 감소된 표본수는 치료효과 추정 시 분산의 증가를 가져오게 되어 연구의 검정력을 떨어뜨리게 된다. 그러나 성향점수 가중치는 두 집단별로 성향점수에 따라서 개별 가중치를 부여하는 방법으로 표본수의 감소를 방지할 수 있으면서 동시에 무작위배정의 효과를 줄 수 있기 때문에 선택 편향을 제거할 수 있다(Xu, 2010).

성향점수 가중치 방법의 순서는 성향점수 매칭과 유사하지만 새로운 데이터셋을 추출하지 않고 원자료 내에 가중치 변수를 생성한 다음 이를 바로 분석에 적용하는 것이다.

첫 번째 원자료에서 각 환자별 성향점수를 구한 다음 IPTW(inverse probability of treatment weighting, 치료받을 확률의 역수 가중치)(Hirano, 2001; Cassel, 1983; Rosenbasum, 1987) 또는 SW(stabilized weighting, 안정화된 가중치)(Robins, 1997; Robins, 2000)를 구한다.

두 번째 원자료에 가중치를 준 상태에서 개별 공변량들의 분포를 확인하여 무작위배정이 잘 되었는지 판단한다.

세 번째 원자료에 가중치를 준 상태에서 개별 공변량들의 분포가 잘 이루어졌고 선택 편향이 제거되었다면 치료변수와 결과변수의 분석을 실시한다.

■ 성향점수 가중치 계산하기

▶ IPTW & 계산하기

id	사망 y	연령 집단 x	치료 t	ps	T = a + bx에서 T가 1이될 확률 iptw	sw
1	1	높음	1	0.1	10	3.333333
2	1	높음	0	0.1	1.111111	0.740741
3	1	높음	0	0.1	1.111111	0.740741
4	1	높음	0	0.1	1.111111	0.740741
5	1	높음	0	0.1	1.111111	0.740741
6	0	높음	0	0.1	1.111111	0.740741
7	0	높음	0	0.1	1.111111	0.740741
8	0	높음	0	0.1	1.111111	0.740741
9	0	높음	0	0.1	1.111111	0.740741
10	0	높음	0	0.1	1.111111	0.740741
11	1	낮음	1	0.8	1.25	0.416667
12	1	낮음	1	0.8	1.25	0.416667
13	1	낮음	1	0.8	1.25	0.416667
14	1	낮음	1	0.8	1.25	0.416667
15	1	낮음	0	0.8	5	3.333333

proportion 0.3333 : 전체 t에서 t=1일 확률 5/15

성향점수(ps) : x=1에서 t=1일 확률, x=0에서 t=1일 확률

ps: x=1이 전체 10개이고 이중 T=1은 1개이니까 1/10의 확률을 가진다.
iptw=1/ps if t==1, iptw=1/(1-ps) if t==0
sw=proportion/ps if t==1, sw=(1-proportion)/(1-ps) if t==0

x=0이 전체 5개이고 이중 T=1은 4개이니까 4/5의 확률을 가진다.
iptw=1/ps if t==1, iptw=1/(1-ps) if t==0
sw=p/ps if t==1, sw=(1-p)/(1-ps) if t==0

[그림 4-9] 성향점수 가중치 IPTW와 SW 계산하기

(그림 4-5)에서 성향점수 계산은 이미 완료하였다. (그림 4-9)에서는 성향점수 가중치인 IPTW와 SW를 계산하였다. IPTW는 치료군은 성향점수의 역수를 주고, 대조군은 1−성향점수의 역수를 가중치로 계산한다. 즉 id 1번 환자는 연령이 높은 10명 중에서 치료를 1명 받았으니 이 1명의 환자가 연령이 높은 10명을 대표하는 것이다(10=1/0.1). id 2-10번까지의 9명의 환자는 연령이 높은 10명 중에서 치료를 9명이 받지 않았으니 9명의 환자가 연령이 높은 10명을 대표하는 것이다(1.11=10/9). 마찬가지로 id 11-14번 환자는 연령이 낮은 5명 중에서 치료를 4명 받았으니 이 4명의 환자가 연령이 낮은 5명을 대표하는 것이다(1.25=5/4). id 15번 환자는 연령이 낮은 5명 중에서 치료를 1명이 받지 않았으니 1명의 환자가 연령이 낮은 5명을 대표하는 것이다. 이처럼 IPTW의 가중치로 계산하면 전체 표본수는 각각 두 배가 되어 전체에서도 두 배로 나타난다. 따라서 이를 선택 편향이 없는 보정된 상태를 유지하면서 원래의 표본수로 안정화시켜 주는 과정이 SW이다(표 4-2).

[표 4-2] 성향점수 가중치 표본수 예측

		치료군	대조군	표본수
원자료		N1	N2	N1 + N2 = N
매칭 데이터셋	성향점수 매칭	n1	N2	n1 + n2 < N
유사집단(pseudo population)	IPTW*	n1	N2	n1 + n2 = 2N
	SW*	n1	N2	n1 + n2 = N

* Xu S, Ross C, Raebel MA, Shetterly S, Blanchette C, Smith D. Use of stabilized inverse propensity scores as weights to directly estimate relative risk and its confidence intervals. Value Health. 2010 Mar-Apr;13(2):273-7.

SW를 계산하기 위해서는 전체 집단에서 치료받을 확률을 계산한다(0.33=5/15). 그런 다음 치료군은 전체 확률을 성향점수로 나누어 주고, 대조군은 (1−전체확률) / (1−성향점수)를 가중치로 계산하면 원래의 표본수로 안정화된다.

▶ Propensity score weighting

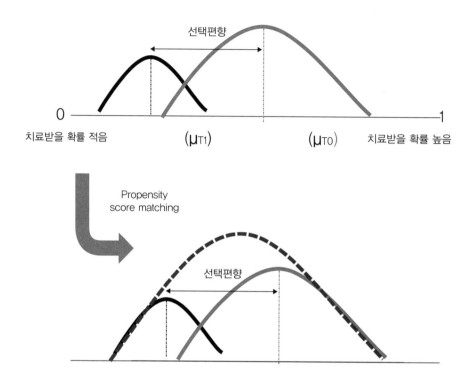

[그림 4-10] 성향점수 가중치 분포

　이처럼 성향점수 가중치를 설정하여 두 집단의 공변량을 분포를 살펴보면 (그림 4-10)과 같이 성향점수의 분포가 가운데 공동지지영역을 기준으로 전체를 아우르는 형태로 크게 확장해 놓은 것처럼 보인다. 이것은 마치 성향점수 매칭에서는 두 집단의 공동지지영역의 겹치는 부분에서만 데이터를 추출하였다면 성향점수 가중치에서는 공동지지영역을 중심으로 두 집단을 좌우 양 방향으로 고르게 확장하여 전체 표본수를 모두 포함할 수 있도록 한 것이다. 이러한 성향점수 매칭은 새로운 데이터셋을 추출하는 것이 아니라 원자료에 가중치를 부여한 상태의 가상의 유사 집단을 형성한 다음 인과관계 분석을 실시한다.

■ 성향점수 매칭과 가중치의 비교

성향점수 매칭과 가중치는 둘 다 관찰연구에서 발생할 수 있는 선택 편향을 제거하여 마치 무작위배정 임상연구처럼 무작위배정의 효과를 주어 통계적 분석의 전제조건인 무작위 확률(random probability)을 충족시키기 때문에 다른 공변량들의 영향을 통제한 상태에서 관심 치료의 영향을 직접적으로 평가할 수 있도록 해준다. 또한 동일하게 성향점수를 기준으로 공동지지영역(common support region) 내에서 매칭(짝짓기)하거나 또는 이를 확장하는 방법이기 때문에 사실상 동일한 접근이라고 할 수 있다. 더욱이 투입되는 독립변수들이 많을 경우 다차원의 변수를 성향점수라는 1차원으로 축소할 수 있기 때문에 보정하지 않은 회귀방정식에서의 단점을 극복할 수 있다. 굳이 차이점을 찾자면 성향점수 매칭은 표본수의 감소가 불가피하여 대규모 표본 데이터에 보다 적합하며, 성향점수 가중치는 표본수의 감소를 예방할 수 있으니 모든 방면에서 활용할 수 있다고 판단된다.

제언하자면 연구자들이 일반적인 회귀분석, 성향점수 매칭, 그리고 성향점수 가중치의 방법을 모두 활용할 수 있다면 본인 연구의 가치를 찾아내는 데 매우 유용한 도구가 될 것이기에 모두 학습하기를 권고한다.

5) 성향점수 매칭 및 가중치 이후 분포 확인

성향점수 매칭 이후 새롭게 생성된 데이터셋과 성향점수 가중치 이후 설정된 유사 집단의 개별 변수들이 치료군과 대조군 두 그룹 사이에서 한쪽으로 치우치지 않고 잘 분포되었는지 확인이 필요하다. 개별 변수들의 매칭 또는 가중치가 잘 적용되었는지를 확인하기 위한 방법으로는 두 집단의 차이를 t-test 또는 chi-square test 등을 통해서 통계적으로 검정하는 방법과 두 집단의 표준화된 효과 크기(standardized mean difference, SMD)를 확인하는 방법이 있다(그림 4-11).

두 집단의 차이를 t-test 또는 chi-square test를 통해서 통계적으로 검정하는 것이 매우 엄격한 잣대를[2] 설정한다고 볼 수 있다. 따라서 두 집단의 표준화된 효과 크기를 이용한 두 집단의 차이 비교가 많이 사용된다. 원래 표준화 효과 크기(SMD)는 Cohen's d라고도 불리

---

2. P-value로 판단하면 5% 이내만 허용오차이기에 실질적으로 단측으로 보면 2.5% 이내로서 매우 허용오차가 좁다.

는데(Cohen, 1988)[3], 평균의 차이를 표준편차로 나누어 원래 있던 수치의 단위(unit)를 제거하여 효과 크기만 남기는 것으로서 SMD가 0.2, 0.5, 0.8을 각각 작은 효과, 중간 효과, 큰 효과 크기를 나타내는 데 사용할 수 있다고 제안하였다. 성향점수 매칭 및 가중치 이후 개별 변수들의 분포를 해석할 때 학자들마다 약간의 차이는 있지만 대략 0.2 미만(Silber, 2013) 또는 0.1 미만이면(Austin, 2009) 두 집단의 공변량에 의한 차이는 무시해도 된다고 알려져 있다.

$$d = \frac{(\overline{x}_{처치군} - \overline{x}_{대조군})}{\sqrt{\dfrac{s^2_{처치군} + s^2_{대조군}}{2}}}$$

x : 처치군과 대조군의 공변량의 평균
s^2: 처치군과 대조군의 공변량의 분산

$$d = \frac{(\hat{p}_{처치군} - \hat{p}_{대조군})}{\sqrt{\dfrac{\hat{p}_{처치군}(1 - \hat{p}_{처치군}) + \hat{p}_{대조군}(1 - \hat{p}_{대조군})}{2}}}$$

$\hat{p}$: 처치군과 대조군의 공변량의 빈도

[그림 4-11] 표준화된 효과크기 계산. 이동규(2016)
이동규(2016). Propensity score matching method의 소개. Anesthesia and Pain Medicine, 11(2), 130-148.

(그림 4-12)에서는 성향점수 가중치 이후 개별 변수들의 분포를 살펴본 것이다. 성향점수 가중치 이전에는 Cluster와 Non-cluster 두 집단 내 개별 변수들의 분포가 한쪽으로 치우쳐진 것을 확인할 수 있다.

---

3. Cohen's d는 일반적으로 동일 연구주제의 선행연구들을 하나로 종합하는 메타분석의 결과지표로서 많이 사용되고 있다.

Table 2
Comparison of baseline characteristics between the cluster and non-cluster groups, before and after propensity score weighting.

	Before PSW				After PSW			
	Cluster	Non-cluster	p-value	SMD	Cluster	Non-cluster	p-value	SMD
n	789	2445			773	2451		
Age, n (%)	87 (11.0)	318 (13.0)	0.144	0.061	75.7 (9.8)	300.8 (12.3)	0.065	0.079
Sunshine	15.03 (7.59)	14.27 (6.82)	0.008	0.106	14.41 (7.59)	14.44 (6.88)	0.919	0.005
Temperature	7.06 (3.32)	7.00 (3.28)	0.636	0.019	7.31 (3.13)	7.04 (3.29)	0.046	0.085
Temperature difference	12.01 (4.41)	11.76 (4.35)	0.153	0.058	11.67 (4.54)	11.82 (4.33)	0.479	0.033
Wind	1.77 (1.10)	1.87 (0.97)	0.009	0.103	1.93 (1.27)	1.85 (0.95)	0.181	0.073
SO_2	0.00 (0.00)	0.01 (0.01)	<0.001	0.172	0.00 (0.00)	0.01 (0.01)	0.097	0.074
CO	0.64 (0.21)	0.62 (0.22)	0.011	0.105	0.63 (0.23)	0.63 (0.22)	0.869	0.008
O_3	0.05 (0.01)	0.05 (0.01)	0.002	0.123	0.05 (0.01)	0.05 (0.01)	0.742	0.015
NO_2	0.04 (0.02)	0.03 (0.02)	<0.001	0.490	0.03 (0.02)	0.03 (0.02)	0.056	0.079
$PM_{2.5}$	39.42 (16.99)	36.42 (15.44)	<0.001	0.185	37.59 (16.52)	37.24 (15.83)	0.624	0.022
PM_{10}	69.38 (29.97)	62.69 (28.70)	<0.001	0.228	65.77 (27.74)	64.47 (29.64)	0.288	0.045

Data are mean (standard deviation) unless indicated otherwise.
Age, age ≥60 years (reference: age <60 years); Sunshine, daily mean sunshine (hr); Temperature, daily mean temperature (°C); Temperature difference, daily mean temperature difference (°C); Wind, daily mean wind speed (m/s); SO_2, daily maximum SO_2 (ppm); CO, daily maximum CO (ppm); O_3, daily maximum O_3 (ppm); NO_2, daily maximum NO_2 (ppm); $PM_{2.5}$, daily maximum $PM_{2.5}$ ($\mu g/m^3$); PM_{10}, daily maximum PM_{10} ($\mu g/m^3$).
Abbreviations: CO, carbon monoxide; NO_2, nitrous oxide; O_3, ozone; $PM_{2.5}$, particulate matter ≤2.5 μm; PM_{10}, particulate matter ≤10 μm; PSW, propensity score weighting; SMD, standardized mean difference; SO_2, sulfur dioxide.

[그림 4-12] 성향점수 가중치 이후 분포 확인
Shim SR, Kim HJ, Hong M, Kwon SK, Kim JH, Lee SJ, Lee SW, Han HW. Effects of meteorological factors and air pollutants on the incidence of COVID-19 in South Korea. Environ Res. 2022 Sep;212(Pt C):113392.

연구 시작 시점에 Cluster와 Non-cluster에 이미 sunshine, wind, SO_2, CO, O_3, NO_2, $PM_{2.5}$, 그리고 PM_{10}의 개별 변수가 심각한 편향을 보이고 있다. 그러나 성향점수 가중치 이후에는 무작위배정의 효과가 이루어져 개별 변수들 사이의 선택 편향이 해소된 것을 볼 수 있다. 한 가지 아쉬운 것은 temperature 변수는 성향점수 가중치 이전에는 편향이 없었으나 가중치 이후에는 오히려 치우침이 심해져 t-test의 P-value가 0.05 미만으로 나타났다. 그러나 앞서 설명한 바와 같이 SMD는 0.1 미만으로서 두 집단의 차이는 무시해도 될 만큼 고른 분포를 나타내고 있다. 추가적으로 개별 변수 또는 성향점수를 각각 도식화하여 상자-수염 그림 또는 히스토그램으로 보여 주면 전체적인 분포를 확인하는 좋은 방법이 될 것이다.

5

통계와 성향점수분석

성향점수분석 실습

5.1 데이터 불러오기

[표 5-1] 성향점수분석을 위한 예제자료(신세포암의 항암치료효과)

id	death	period	Treatment	sex	age	smoking	HTN	DM	BMI	anemia	history	tumoursize	stage	fuhrmangrade	S	L	OP	C
1	0	12	0	1	0	0	0	0	3	1	0	1	0	1	0	0	1	1
2	0	129	0	1	1	0	0	0	3	1	0	0	0	0	0	0	1	0
3	0	87	0	0	0	1	0	1	1	1	0	0	0	1	0	0	1	0
4	0	12	0	0	1	1	1	0	3	1	0	1	0	1	0	1	1	1
5	0	29	0	0	0	1	0	0	2	1	0	1	1	1	0	0	1	0
6	1	73	0	0	0	0	0	1	3	0	0	0	0	1	0	1	1	1
7	0	17	0	0	0	0	0	0	2	0	1	0	0	0	0	0	0	0
8	0	38	0	1	1	0	1	1	2	0	0	0	1	1	0	0	1	1
9	0	121	0	0	0	1	0	0	3	1	0	0	1	1	0	0	1	0
10	0	17	0	1	1	0	0	0	3	0	0	0	1	1	0	0	1	0

성향점수분석을 위한 예제자료는 한나래출판사(http://................) 또는 https://blog.naver.com/ryul01(네이버 블로그 "메타분석 공부하기")를 방문해서 "책 출판물" → "메타분석 예제자료들" 포스팅에서 다운받으면 된다.

이번 장에서는 신세포암 환자에서 항암치료의 효과를 분석하기 위한 관찰연구자료를 이용하여 기초분석부터 성향점수 매칭 및 검정까지 진행해 보도록 한다. 신세포암 환자 데이터는 491명의 환자 데이터로 19개의 변수로 구성되어 있다(표 5-1). 변수들 중 id와 period는 연속형 변수이고 나머지 변수는 결과 해석의 편의를 위해서 모두 이분형 변수로 전처리를 시행하였다. BMI 변수만 3범주 범주형 변수이다. Id는 환자의 번호, death는 사망, period는 관찰 기간, Treatment는 항암치료(1, 치료함 vs 0, 치료 안 함), sex는 성별(1, 남자 vs 0, 여자), age는 연령(1, 고연령 vs 0, 저연령), smoking은 흡연(1, 흡연 vs 0, 비흡연), HTN은 고혈압(1, 고혈압 vs 0, 정상), DM은 당뇨병(1, 당뇨병 vs 0, 정상), BMI는 체지방지수(1, 저체중 vs 2, 정상 vs 3, 과체중), anemia(1, 빈혈 vs 0, 정상), history(1, 질병이력 있음 vs 0, 질병이력 없음)을 나타낸다. 신세포암의 중증도를 나타내는 변수로는 tumoursize는 종양의 크기에 따른 분류이며(1, 종양 크기 큼 vs 0, 종양 크기 작음), stage는 병리학적 전이 정도에 따른 분류(Pathologic T stage; 1, 전이 정도 높음 vs 0, 전이 정도 낮음), Fuhrmangrade는 분화도 등급에 따른 분류(Fuhrman Grade; 1, 분화도 높음 vs 0, 분화도 낮음), S는 육종 모양 변화에 따른 분류(Sarcomatoid Differentiation; 1, 육종 모양 변화 높음 vs 0, 육종 모양 변화 낮음), L은 림프관침범에 따른 분류(Lymphovascular Invasion; 1, 림프관 침범 있음 vs 0, 림프관 침범 없음), OP는 수술 시행 여부, 그리고 C는 응고괴사(Coagulative Necrosis; 1, 응고괴사 있음 vs 0, 응고괴사 없음)에 따른 분류를 나타낸다. 신세포암의 중증도는 수치가 증가할수록 중증도가 올라가며 예후가 안 좋음을 나타낸다.

먼저 성향점수분석을 위해서 예제 데이터는 PSsample.csv를 불러와서 data 객체로 저장한다. read.csv는 csv파일을 불러오는 함수로서 파일명 "PSsample.csv"를 불러와서 R 메모리에서 "data" 이름의 데이터프레임 형태로 저장한다.

```
data <- read.csv("PSsample.csv")
```

5.2 Characteristics 파악

■ 요약 통계량

```
library(tableone) #install.packages("tableone")
vars <- c("age", "sex", "smoking", "HTN", "DM", "BMI", "anemia", "history",
"tumoursize", "stage", "fuhrmangrade", "S", "L", "OP", "C") #모두 범주형 변수이다.
all.tableone <- CreateTableOne(strata = "Treatment", vars = vars, factorVars
= vars, data = data, test = T, argsApprox = list(correct = F), testNonNormal =
kruskal.test, testExact = fisher.test, argsExact = list(workspace = 2*10^5))
print(all.tableone, smd=T) #Crude 상태에서의 개별 통계량과 집단에 따른 유의차, SMD를
확인할 수 있다.
```

R에서는 요약 통계량을 분석하는 많은 패키지들이 있다. 그중에서 "tableone"과 "moonBook" 이 가장 대표적이며 이번 장에서는 두 패키지를 틈틈이 사용할 것이다. 우선 "tableone" 패키지를 사용하기 위해서는 해당 패키지가 설치되어 있어야 하는데 설치되어 있지 않다 면 install.packages("tableone") 명령어를 이용해서 우선 설치한다. 패키지 설치가 완료되 었다면 해당 패키지 내 함수들을 사용하기 위해 패키지를 R의 메모리에 올리기 위해 이때 library(tableone) 함수를 이용한다.

```
vars <- c("age", "sex", "smoking", "HTN", "DM", "BMI", "anemia", "history",
"tumoursize", "stage", "fuhrmangrade", "S", "L", "OP", "C")
```

명령어 입력의 편의를 위해서 age부터 마지막 C에 이르는 개별 변수들을 vars라는 객체로 지정한다.

```
all.tableone <- CreateTableOne(strata = "Treatment", vars = vars, factorVars = vars,
data = data, test = T, argsApprox = list(correct = F), testNonNormal = kruskal.
test, testExact = fisher.test, argsExact = list(workspace = 2*10^5))
```

　　"tableone" 패키지의 CreateTableOne 함수는 요약 통계량을 일목요연하게 정리하는 함수로서 연속형 변수일 경우 t-test와 ANOVA 테스트의 결과를, 범주형 변수일 경우 chi-square test를 빠르게 실행한다. 이외에도 비모수 검정에 해당하는 분석도 실시할 수 있으니 이 부분은 CreateTableOne 함수의 옵션들을 확인하기 바란다. 해당 함수 사용 시 주의할 점은 해당 대·소문자를 틀리지 않게 정확히 입력해야 한다.

　　strata="Treatment"는 비교하고자 하는 그룹을 나타내는 변수로서 본 분석에서는 항암치료 여부인 Treatment를 설정하였다. vars=vars는 항암치료 여부에 따라서 분석하고자 하는 변수를 넣는 것으로 앞에서 여러 변수를 객체지정한 vars를 넣어준다. 모든 변수가 범주형 변수이기 때문에 factorVars=vars로 설정한다.

　　test=T는 연속형 변수와 범주형 변수에 대한 각각의 비교분석 결과를 제시하며, 비모수 검정에 해당하는 경우 testNonNormal=kruskal.test를 통해서 세 그룹 이상에 대한 분석도 가능하다. chi-square test 시 argsApprox=list(correct=F)에서 연속성 보정을 하지 않아야 Pearson의 수치와 동일하며 연속성을 보정하는 경우 Yates의 보정된 분석을 하게 된다. 또한 각 셀당 기대값이 적을 경우 testExact=fisher.test, argsExact=list(workspace=2*10·5)를 통해서 fisher의 정확검정과 통계량의 범위도 설정할 수 있다.

　　마지막으로 CreateTableOne 함수를 사용해서 만든 요약 통계량을 all.tableone이라는 객체로 저장한 다음 print(all.tableone, smd=T)를 통해서 요약 통계량을 테이블로 제시한다.

　　smd에서 T를 설정하여야 테이블에 표준화된 크기(smd, standardized mean difference)가 테이블에 제시된다. 두 집단의 차이를 나타내는 대표적인 인자로서 SMD를 많이 사용하는데 이것은 두 집단의 차이를 표준화시킨 것으로서 학자들마다 의견 차이는 있지만 일반적으로 0.1 미만 또는 0.2 미만이면 두 집단의 차이는 무시할 수 있다고 판단한다. 이 SMD에 대한 해석은 추후 성향점수 매칭 또는 가중치 이후 두 집단의 균형(balance)을 확인하는 데 중요하게 사용되어진다. print 함수 외에 summary(all.tableone)를 이용하면 보다 상세한 결과를 확인할 수 있다.

```
##                        Stratified by Treatment
##                             0           1           p       test SMD
##   n                        183         308
##   age = 1 (%)               89 (48.6)  104 (33.8)   0.001        0.306
##   sex = 1 (%)               60 (32.8)  101 (32.8)   0.999       <0.001
##   smoking = 1 (%)          100 (54.6)  189 (61.4)   0.143        0.136
##   HTN = 1 (%)               36 (19.7)   51 (16.6)   0.382        0.081
##   DM = 1 (%)                66 (36.1)  121 (39.3)   0.477        0.066
##   BMI (%)                                           0.366        0.132
##     1                       69 (37.7)  125 (40.6)
##     2                       42 (23.0)   81 (26.3)
##     3                       72 (39.3)  102 (33.1)
##   anemia = 1 (%)            78 (42.6)   61 (19.8)  <0.001        0.508
##   history = 1 (%)           18 ( 9.8)   46 (14.9)   0.105        0.155
##   tumoursize = 1 (%)        36 (19.7)   45 (14.6)   0.144        0.135
##   stage = 1 (%)             19 (10.4)   81 (26.3)  <0.001        0.420
##   fuhrmangrade = 1 (%)     103 (56.3)  191 (62.0)   0.210        0.117
##   S = 1 (%)                  3 ( 1.6)    4 ( 1.3)   0.758        0.028
##   L = 1 (%)                 17 ( 9.3)   60 (19.5)   0.003        0.294
##   OP = 1 (%)               166 (90.7)  274 (89.0)   0.539        0.058
##   C = 1 (%)                 36 (19.7)   40 (13.0)   0.048        0.182
```

[그림 5-1] 연구 시작 시점의 요약 통계량_성향점수분석 이전

항암치료(stratified by treatment)에 따른 요약 통계량을 살펴보면 다음과 같다. 항암치료를 받은 환자와 받지 않은 환자는 각각 308명과 183명이었다. 고연령층에 대한 비율을 살펴보면 항암치료를 받은 환자와 받지 않은 환자는 각각 48.6%와 33.8%였으며 이는 통계적으로 유의한 차이를 나타낸다(p=0.001). 이외에도 anemia, stage, L(림프관 침범), 그리고 C(응고괴사)에서도 항암치료를 받은 그룹과 받지 않은 그룹이 p-value 0.05 미만으로서 통계적으로 유의한 차이를 나타내고 있다(그림 5-1).

본 연구는 신세포암 환자에서 항암치료에 따른 사망 또는 생존의 효과를 분석하기 위한 자료인데, 지금처럼 관찰연구라서 항암치료를 받은 그룹과 받지 않은 그룹이 baseline에서부터 이미 주요 변수들(age, anemia, stage, L, C)의 심각한 선택 편향(selection bias)을 나타내고 있다. 이것은 처음부터 항암치료를 받는 그룹의 특성이 한쪽 방향으로 치우치게 되어 있어 최종 결과지표(사망과 생존)를 해석할 때 혼란을 줄 수 있다. 예를 들어 최종결과인 사망과 생존이 항암치료의 영향인지 아니면 처음부터 선택 편향이 발생한 변수인 연령이 높아서 때문인지 구별할 수 없게 된다. 물론 이 연구를 무작위 임상연구(RCT, randomized controlled trial)로 진행하였다면 항암치료를 받은 그룹과 받지 않은 그룹이 무작위배정되어

처음부터 선택 편향이 발생하지 않았을 것이다.

따라서 관찰연구를 후향적으로 분석하여 항암치료의 효과를 올바르게 해석하기 위해서는 처음부터 항암치료에 영향을 미치는 변수(pretreatment)들을 성향점수분석(propensity score analysis)을 통해서 마치 RCT처럼 선택 편향을 보정해 주는 과정이 필요하다.

5.3 성향점수 매칭(Propsensity score matching)

1) 성향점수 만들기(propensity score)

```
reg = glm(Treatment ~ age+sex+s
moking+DM+HTN+BMI+anemia+history+tumoursize+stage+fuhrmangrade+S+L+OP
+C, family=binomial( ), data=data) #치료변수에 해당하는 것은 Treatment이 1일 확률을
구한다.
data$pscore <- c(predict.glm(reg, type="response")) #post-estimation 할 때
type="response"를 해주어야 종속변수가 될 확률을 추정한다.
head(data)
```

성향점수분석의 첫 번째 단계는 치료에 영향을 미치는 변수들을 투입하여 각각의 환자별 성향점수(propensity score)를 만들어 주는 것이다. 성향점수를 만들 때 다양한 통계모형이 사용될 수 있지만 최초 연구(Rosenbaum & Rubin, 1983)에서 로지스틱 회귀모형을 사용하였기에 현재에도 가장 많이 활용되어진다.

```
reg = glm(Treatment ~ age+sex+smoking+DM+HTN+BMI+anemia+history+tumoursi
ze+stage+fuhrmangrade+S+L+OP+C, family=binomial( ), data=data)
```

성향점수를 구하는 회귀모형에서 회귀분석 함수는 glm( )이며, 종속변수는 항암치료(Treatment), 독립변수는 항암치료에 영향을 미치는 개별 변수들을 모두 넣어서 설정한다. 그런 다음 계산되어진 객체를 reg로 저장한다.

해당 회귀모형의 객체가 만들어진 다음, data$pscore <- c(predict.glm(reg, type="response"))에서 predict.glm( ) 함수를 이용해서 각 환자별 회귀모형에 따른 예측값을 계산하는데, 이때 성향점수에 해당하는 확률, 즉 환자별 회귀모형에 따라서 항암치료를 받을 확률을 구해서 이를 원래의 data 내의 pscore라는 변수로 새롭게 저장한다. 이를 head(data)로 확인해 보면 원래의 데이터셋에서 제일 우측에 새롭게 pscore라는 변수가 생성된 것을 확인할 수 있다(그림 5-2). 이처럼 수동으로 성향점수를 구하였는데 이것은 성향

점수 매칭에서는 matcit( ) 함수에서 자동으로 구해질 것이라서 지금은 육안으로 확인만 하는 단계이지만, 성향점수 가중치에서는 성향점수 생성을 통해서 이후 가중치 설정이 추가되어야 하기 때문에 필수적인 과정이다.

```
##   id death period Treatment sex age smoking HTN DM BMI anemia history
## 1  1    0     12         0   1   0       0   0  0   3      1       0
## 2  2    0    129         0   1   1       0   0  0   3      1       0
## 3  3    0     87         0   0   0       1   0  1   1      1       0
## 4  4    0     12         0   0   1       1   1  0   3      1       0
## 5  5    0     29         0   0   0       1   0  0   2      1       0
## 6  6    1     73         0   1   0       0   0  1   3      1       0
##   tumoursize stage fuhrmangrade S L OP C    pscore
## 1          1     0              1 0 0  1 1 0.2419488
## 2          0     0              0 0 0  1 0 0.2560644
## 3          0     0              1 0 0  1 0 0.5405863
## 4          1     0              1 0 1  1 1 0.2678773
## 5          1     1              1 0 0  1 0 0.6029957
## 6          0     0              1 0 1  1 1 0.5636071
```

[그림 5-2] 성향점수 만들기

2) 성향점수 매칭(propensity score matching) 방법

각 환자별 성향점수가 생성되었다면 이후는 성향점수가 비슷한 환자끼리 짝짓기를 실행한다.

성향점수 짝짓기 때 사용할 주요 패키지는 MatchIt과 optmatch이다. 만약 설치되어 있지 않다면 install.packages("MatchIt") 그리고 install.packages("optmatch")를 통해서 설치하여야 한다. 설치가 완료된 다음 해당 패키지 내 함수들을 사용하기 위해서 두 개의 패키지를 library( ) 함수를 이용해서 R의 메모리로 올려주어야 한다.

저자의 경험으로는 성향점수분석을 실시할 때 optimal 매칭은 두 번 중 한 번 정도만 실행이 가능했기 때문에 성공률이 낮아서 잘 활용하지 않은 편이며, 최근접 이웃 매칭(nearest neighbor within caliper)은 수동으로 매칭 조건을 맞추어 주어서 매칭이 실패하지 않아 즐겨 사용하는 편이다. 연구자들은 두 매칭 방법에 따른 표본수와 분포 등을 고려해서 본인의 연구에 적합한 방법을 활용하면 될 것이다.

(1) Optimal 매칭

```
library(MatchIt)
library(optmatch)
psmlist.opt <- matchit(Treatment ~ age+sex+smoking+DM+HTN+BMI+anemia+hi
story+tumoursize+stage+fuhrmangrade+S+L+OP+C, method = "optimal", data =
data) #list형태로 만들어짐.
summary(psmlist.opt)
```

Optimal 매칭은 항암치료를 받은 그룹과 받지 않은 그룹 사이의 개별 환자들의 성향점수를 모두 측정해서 가장 값이 최소가 되는 매칭 알고리즘을 시행하는 것이다. 마치 회귀분석에서 회귀직선을 만들 때 개별 관찰값들의 잔차가 최소가 되는 최소제곱법의 알고리즘과 유사하다. 따라서 모든 각각의 환자들 사이의 거리를 측정하고 매칭을 고려해야 하기 때문에 시간이 많이 걸리고 표본들의 분포 차이가 클 경우 optimal 매칭이 실행되지 않은 경우가 많다.

matchit( ) 함수를 이용해서 성향점수 매칭을 실시한다. 함수 내 종속변수는 항암치료 (Treatment), 독립변수는 항암치료에 영향을 미치는 개별 변수들을 모두 넣고, method= "optimal"로 옵션을 설정한다. 그런 다음 계산되어진 객체를 psmlist.opt로 저장한다.

summary(psmlist.opt)를 이용해서 해당 객체를 출력해 보면 각 변수들의 항암치료를 받은 그룹과 받지 않은 그룹의 평균과 표준편차 등을 확인할 수 있다. 제일 하단에 요약 통계량 중에서 두 집단에서 매칭된 환자와 매칭되지 못하고 제거된 수치들을 확인할 수 있다.

```
## Sample Sizes:
##            Control  Treated
## All           183      308
## Matched       183      183
## Unmatched       0      125
## Discarded       0        0
```

[그림 5-3] 성향점수 매칭 표본수_최적적 매칭

성향점수 매칭 이전 항암치료를 받은 그룹과 받지 않은 그룹은 각각 308명과 183명이었으며, 매칭 이후는 183명씩 매칭이 진행되었고 치료그룹에서 125명은 매칭되지 못하고 제거된 것을 알 수 있다(그림 5-3).

(2) 최근접 이웃 매칭(nearest neighbor within caliper)

```
library(MatchIt)
psmlist.lgt.near.c0.25sd.att <- matchit(Treatment ~ age+sex+smoking+DM+HTN+
BMI+anemia+history+tumoursize+stage+fuhrmangrade+S+L+OP+C, data = data,
distance = "glm", method = "nearest", replace=FALSE, estimand = "ATT", caliper
= sd(data$pscore)*0.25, ratio = 1)
summary(psmlist.lgt.near.c0.25sd.att)
```

최근접 이웃 매칭 시에는 각각의 요소들을 수동으로 설정할 수가 있어서 학습에는 불편할 수 있으나 최초 값을 고정하고 요소별 수치 변화를 주면서 반복해서 매칭을 확인할 수 있기 때문에 적극적으로 권고하는 편이다.

matchit( ) 함수를 이용해서 성향점수 매칭을 실시한다. 함수 내 종속변수는 항암치료 (Treatment), 독립변수는 항암치료에 영향을 미치는 개별 변수들을 모두 넣어서 설정한다. 이제 옵션들을 하나씩 살펴보자. distance="glm"은 매칭 시 로지스틱 모형을 사용하는 것이고, method="nearest"는 성향점수가 최근접 이웃끼리 매칭하며, replace=FALSE는 한번 사용된 케이스는 재사용하지 말라는 뜻이며, estimand="ATT"는 계산할 효과 크기가 항암치료한 그룹의 치료 효과(average treatment effect for the treated)임을 나타낸다. 모든 환자의 성향점수를 계산한 다음 항암치료를 받은 그룹과 받지 않은 그룹을 매칭할 때 caliper는 두 집단 사이에 매칭 범위를 설정하는 것으로 일반적으로 성향점수 표준편차의 0.25배를 설정한다. 그런 다음 계산되어진 객체를 psmlist.opt로 저장한다. 현재는 항암치료를 받은 그룹과 받지 않은 그룹을 1:1 매칭을 하였지만, ratio 옵션으로 매칭 건수를 수 배로 조절할 수 있다. 그런 다음 계산되어진 객체를 psmlist.lgt.near.c0.25sd.att로 저장한다(생성되는 객체의 이름은 연구자가 임의로 설정할 수 있음). 저자는 쉬운 구분을 위해서 psmlist, 로지스틱모형, 최근접, 캘리퍼는 sd의 0.25배, ATT를 단순히 나열해서 이름을 나타낸 것이다.

summary(psmlist.lgt.near.c0.25sd.att)를 이용해서 해당 객체를 출력해 보면 각 변수들의 항암치료를 받은 그룹과 받지 않은 그룹의 평균과 표준편차 등을 확인할 수 있다. 제일 하단에 요약 통계량 중에서 두 집단에서 매칭된 환자와 매칭되지 못하고 제거된 수치들을 확인할 수 있다.

```
## Sample Sizes:
##            Control  Treated
## All            183      308
## Matched        146      146
## Unmatched       37      162
## Discarded        0        0
```

[그림 5-4] 성향점수 매칭 표본수_최근접 이웃 매칭

　성향점수 매칭 이전 항암치료를 받은 그룹과 받지 않은 그룹은 각각 308명과 183명이었으며, 매칭 이후에는 146명씩 매칭이 진행되었고 치료그룹에서 162명과 대조그룹에서 37명은 매칭되지 못하고 제거된 것을 알 수 있다. 이후 분석은 최근접 이웃 매칭을 통한 표본으로 진행하였다(그림 5-4).

■ 매칭된 표본 만들기

```
##### aft.psm만들기##################
data.psm <- match.data(psmlist.lgt.near.c0.25sd.att) #distance가 생성되며 이게 pscore이다.
head(data.psm)
```

매칭 이후에는 항암치료를 받은 그룹과 받지 않은 그룹은 각각 146명씩의 표본을 새롭게 추출해서 이를 data.psm로 저장한다.

3) 성향점수 매칭 이후 분포 확인

(1) 집단별 요약 통계량

```
vars <- c("age","sex","smoking","HTN","DM","BMI","anemia","history","tumoursiz
e","stage","fuhrmangrade","S","L","OP","C") #여기 변수들은 모두 범주형 변수이다.
psm.tableone <- CreateTableOne(strata = "Treatment", vars = vars, factorVars
= vars, data = data.psm, test = T, argsApprox = list(correct = F), testNonNormal
= kruskal.test, testExact = fisher.test, argsExact = list(workspace = 2*10^5))
print(psm.tableone, smd=T) #PSM 이후 상태에서의 개별 통계량과 집단에 따른 유의차, SMD를
확인할 수 있다.
```

처음 데이터의 요약 통계량을 확인하는 명령어와 동일하다. 다만 여기에서는 대상 객체가
data가 아니라 data=data.psm로 변경된 것을 확인할 수 있다.

```
##                    Stratified by Treatment
##                    0            1            p       test SMD
##    n               146          146
##    age = 1 (%)      63 (43.2)   58 (39.7)   0.553        0.070
##    sex = 1 (%)      52 (35.6)   56 (38.4)   0.628        0.057
##    smoking = 1 (%)  82 (56.2)   77 (52.7)   0.557        0.069
##    HTN = 1 (%)      27 (18.5)   35 (24.0)   0.252        0.134
##    DM = 1 (%)       56 (38.4)   54 (37.0)   0.809        0.028
##    BMI (%)                                  0.970        0.029
##      1              58 (39.7)   59 (40.4)
##      2              37 (25.3)   38 (26.0)
##      3              51 (34.9)   49 (33.6)
##    anemia = 1 (%)   50 (34.2)   47 (32.2)   0.709        0.044
##    history = 1 (%)  16 (11.0)   24 (16.4)   0.173        0.160
##    tumoursize = 1 (%) 20 (13.7) 26 (17.8)   0.335        0.113
##    stage = 1 (%)    19 (13.0)   17 (11.6)   0.722        0.042
##    fuhrmangrade = 1 (%) 83 (56.8) 89 (61.0) 0.475        0.084
##    S = 1 (%)         3 ( 2.1)    3 ( 2.1)   1.000       <0.001
##    L = 1 (%)        14 ( 9.6)    9 ( 6.2)   0.277        0.127
##    OP = 1 (%)      133 (91.1)  131 (89.7)   0.691        0.047
##    C = 1 (%)        24 (16.4)   21 (14.4)   0.627        0.057
```

[그림 5-5] 성향점수 매칭 후 요약 통계량

성향점수 매칭을 통해서 만들어진 새로운 데이터에서 항암치료(stratified by Treatment)에 따른 요약 통계량을 살펴보면 다음과 같다. 항암치료를 받은 환자와 받지 않은 환자는 각각 146명이었다. 앞에서 보정되지 않은 전체 표본에서는 age, anemia, stage, L(림프관 침범), 그리고 C(응고괴사)에서 항암치료를 받은 그룹과 받지 않은 그룹이 p-value 0.05 미만으로서 통계적으로 유의한 차이를 나타내고 있었지만, 성향점수 매칭을 통해서 새롭게 생성된 자료에서는 모든 공변량이 통계적으로 유의한 차이를 나타내는 것은 없었다. 더불어 history의 SMD가 가장 높은 0.160이었지만 이것도 0.2를 넘지 않아 두 그룹의 차이는 무시할 수 있다고 판단된다. 이외에도 대부분 변수들의 SMD가 0.1 미만으로서 두 그룹은 baseline에서 항암치료를 받을 확률이 편중되지 않고 잘 분포된 것을 알 수 있다(그림 5-5).

이처럼 관찰연구를 후향적으로 분석하여 항암치료의 효과를 올바르게 해석하기 위해서는 처음부터 항암치료에 영향을 미치는 변수(pretreatment)들을 성향점수분석(propensity score analysis)을 통해서 마치 RCT처럼 선택 편향을 보정해 주는 과정이 필요하다.

(2) 집단별 그래프

성향점수 매칭을 통해서 만들어진 새로운 데이터에서 항암치료(stratified by Treatment)에 따른 요약 통계량을 살펴보았으며, 이를 히스토그램 또는 상자-수염 그림으로 도식화해 주면 보다 쉽게 이해할 수 있다.

■ 매칭 전후 히스토그램 만들기

```
plot(psmlist.lgt.near.c0.25sd.att, type = "hist", breaks=10) #histogram plot
```

성향점수 매칭 시에 생성해 놓은 객체를 plot( ) 함수에 넣고 히스토그램을 만들어 준다. 이때 type은 hist를 넣고, breaks는 막대의 개수를 나타낸다. 연구 데이터에 맞추어서 수치를 변화하면 보다 식별력이 뛰어난 그래프를 만들 수 있을 것이다.

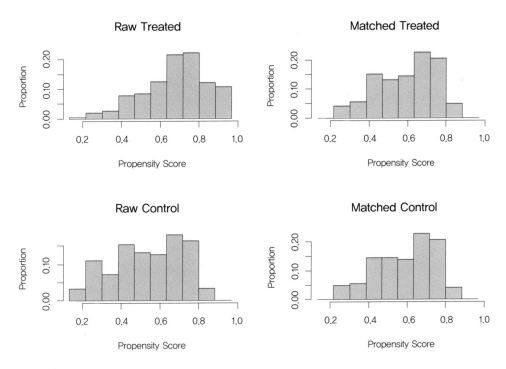

[그림 5-6] 성향점수 매칭 전후 히스토그램

(그림 5-6) 좌측 상하는 매칭 이전 항암치료를 받은 그룹과 받지 않은 그룹을 나타내는 것
으로 두 집단의 분포에 차이를 나타낸다. 그러나 우측 상하는 매칭 이후를 나타내는 것으로
두 집단의 분포가 각 점수대별로 골고루 분포된 것을 확인할 수 있다.

■ 성향점수 매칭 전후 상자-수염 그림 만들기

```
######PSM 이전의 propensity score by Treatment#####
Treatment.1 <- data[data$Treatment== 1, ]
Treatment.0 <- data[data$Treatment== 0, ]
Treatment.1.psm <- data.psm[data.psm$Treatment== 1, ]
Treatment.0.psm <- data.psm[data.psm$Treatment== 0, ]
split.screen(c(2,2)) #화면분할
```

상자—수염 그림을 만들기 위해서는 성향점수 매칭 전후의 각 그룹별 값을 먼저 객체로 만드는 과정이 필요하다. 성향점수 매칭 이전의 원자료인 data에서 Treatment==1은 항암치료를 받은 그룹을 나타내며, 0은 받지 않은 그룹을 나타낸다. 이들을 각각 Treatment.1과 Treatment.0으로 객체 저장한다. 그런 다음 성향점수 매칭 이후의 새로운 데이터셋인 data.psm에서 Treatment==1은 항암치료를 받은 그룹을 나타내며, 0은 받지 않은 그룹을 나타낸다. 이들을 각각 Treatment.1.psm과 Treatment.0.psm으로 객체 저장한다. split.screen(c(2,2))는 편의를 위하여 한 화면에 2*2 형태로 네 개의 화면이 동시에 나오게 하는 것이다.

```
screen(1); boxplot(Treatment.1$pscore, main="Treatment before PSM", xlab =
"propensity score")
screen(2); boxplot(Treatment.0$pscore, main="Non-Treatment before PSM", xlab
= "propensity score")
screen(3); boxplot(Treatment.1.psm$pscore, main="Treatment after PSM", xlab =
"propensity score")
screen(4); boxplot(Treatment.0.psm$pscore, main="Non-Treatment after PSM",
xlab = "propensity score")
```

screen(1)에서부터 screen(4)에 이르기까지 순서대로 해당 상자—수염 그림을 넣어 준다.

사용하는 명령어는 boxplot( ) 함수를 사용하며 함수 내 앞에서 미리 만들어 놓은 객체 내 성향점수(pscore)를 설정한다. 그 외 main과 xlab은 편의를 위해서 그림의 제목을 임의로 설정한 것이다. 주의할 점은 screen으로 화면을 나누면 좌에서 우로, 위에서 아래로 차례대로 넣어주어야 하니 순서가 바뀌지 않도록 하여야 한다.

또한 split.screen( ) 함수는 사용 이후 close.screen(all=TRUE)를 통해서 원상복귀시켜 주어야 한다. 그렇지 않으면 화면이 계속 나뉘어 있게 되어 다음 분석이 불편해진다.

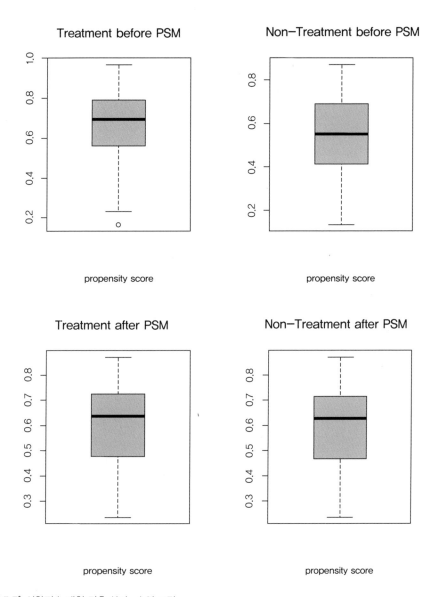

[그림 5-7] 성향점수 매칭 전후 상자-수염 그림

(그림 5-7) 그래프 상단 좌측과 우측은 매칭 이전 항암치료를 받은 그룹과 받지 않은 그룹을 나타내는 것으로 두 집단의 분포에 차이를 나타낸다. 그러나 하단 좌측과 우측은 매칭 이후를 나타내는 것으로 두 집단의 분포와 평균이 동일하게 형성된 것을 확인할 수 있다. 성향점수 매칭 이전과 이후에서 항암치료를 받은 그룹과 받지 않은 두 그룹의 성향점수 평균의 차이를 비교해 보면 얼마나 균형(balance) 있게 보정되었는지 알 수 있다.

```
close.screen(all=TRUE) #이걸 해주어야 리셋됨
pscore.beforePSM <- CreateTableOne(strata = "Treatment", vars = "pscore",
data = data, test = T)
print(pscore.beforePSM, conDigits=5, smd=T)
```

```
##                    Stratified by Treatment
##                    0            1            p        test SMD
## n                  183          208
## pscore (mean (SD)) 0.54 (0.18)  0.68 (0.16)  <0.001            0.809
```

```
pscore.afterPSM <- CreateTableOne(strata = "Treatment", vars = "pscore", data
= data.psm, test = T)
print(pscore.afterPSM, conDigits=5, smd=T)
```

```
##                    Stratified by Treatment
##                    0            1            p        test SMD
## n                  146          146
## pscore (mean (SD)) 0.59 (0.15)  0.60 (0.15)  0.826            0.026
```

집단별 요약 통계량을 CreateTableOne( ) 함수를 이용해서 성향점수 매칭 전후의 성향 점수의 평균을 구하고 이를 각각 t-test한 것이다. 성향점수 매칭 이전의 항암치료를 받은 그룹(0.68±0.16)과 받지 않은 그룹(0.54±0.18)은 통계적으로 유의한 차이를 나타내었으며 (p 〈 0.001), SMD가 0.8이 넘어가서 두 집단은 매우 차이가 있다는 것을 나타낸다. 그러나 성향점수 매칭 이후의 항암치료를 받은 그룹(0.60±0.15)과 받지 않은 그룹(0.59±0.15)은 통계적으로 유의한 차이가 없었으며(p=0.826), SMD가 0.026으로 두 집단의 차이는 무시할 수 있을 만큼 균형 있게 보정된 것을 알 수 있다.

4) 로지스틱 회귀분석

성향점수 매칭을 통해서 항암치료에 영향을 미치는 변수(pretreatment)들을 마치 RCT처럼 선택 편향을 보정해 준 다음 이제부터 본격적으로 최종 관심변수인 사망(death)에 대한 항암치료의 효과를 알아본다.

분석 시 종속변수인 사망과 개별 변수만을 확인하는 단순 분석과 더불어 여러 변수들을 공변량으로 동시에 투입해서 종속변수인 사망에 영향하는 변수들을 찾아보고자 한다.

(1) 단순분석(univariable analysis)

```
vars <- c("Treatment", "age", "sex", "smoking", "HTN", "DM", "BMI", "anemia",
"history", "tumoursize", "stage", "fuhrmangrade", "S", "L", "OP", "C")
all.tableone <- CreateTableOne(strata = "death", vars = vars,factorVars =
vars, data = data.psm, test = T, argsApprox = list(correct = F), testNonNormal =
kruskal.test, testExact = fisher.test, argsExact = list(workspace = 2*10^5))
print(all.tableone, smd=F)
```

단순 로지스틱 회귀분석(simple logistic regression)은 연속형 변수일 때는 t-test, 범주형 변수일 때는 chi-square test의 결과와 동일하기 때문에 CreatTableOne( ) 함수를 이용하여 단순 두 그룹의 비교를 실시하였다. 처음 데이터의 요약 통계량을 확인하는 명령어와 동일하다. 다만 여기에서는 대상 객체가 data가 아니라 data=data.psm로 변경된 것을 확인할 수 있다.

vars 객체는 최종관심 변수인 사망을 종속변수로 설정하고, 이제부터는 독립변수에 항암치료(Treatment)도 입력하여 vars라는 객체로 지정한 것이다.

"tableone" 패키지의 CreateTableOne 함수는 요약 통계량을 일목요연하게 정리하는 함수로서 앞에서 설명한 내용과 동일하다.

strata="death"는 비교하고자 하는 그룹을 나타내는 변수로서 본 최종분석에서는 항암치료에 따른 사망인 death를 설정하였다. 요약 통계량을 all.tableone이라는 객체로 저장한 다음 print(all.tableone, smd=T)를 통해서 요약 통계량을 테이블로 제시한다.

개별 변수들 중에서 통계적으로 유의한 차이를 나타내는 것은 Treatment(p < 0.001), BMI(p=0.004), tumoursize(p < 0.001), furmangrade(p=0.043), S(육종모양변화, p=0.004), 그리고 L(림프관 침범, p < 0.001)이 위험요인으로 나타났다(그림 5-8).

즉, 사망한 그룹에서는 5.9% 만이 항암치료(Treatment)를 받았고, 생존한 그룹에서는 52.7%가 항암치료를 받은 것으로 나타나 항암치료를 받을수록 사망이 낮게 나타났다. BMI 를 살펴보면, 사망한 그룹에서는 BMI가 높을수록 사망자가 많았으며, 생존한 그룹에서는 BMI가 낮은 경향을 보였다. 이외에도 tumoursize가 크고, fuhrmangrade가 높고, S(육종 변화)와 L(림프관 침범)이 높을수록 사망비율이 통계적으로 높게 나타났다.

```
##                      Stratified by death
##                       0            1           p        test
##   n                   275          17
##   Treatment = 1 (%)   145 (52.7)   1 ( 5.9)    <0.001
##   age = 1 (%)         113 (41.1)   8 (47.1)    0.628
##   sex = 1 (%)         101 (36.7)   7 (41.2)    0.712
##   smoking = 1 (%)     149 (54.2)  10 (58.8)    0.709
##   HTN = 1 (%)          59 (21.5)   3 (17.6)    0.709
##   DM = 1 (%)          103 (37.5)   7 (41.2)    0.759
##   BMI (%)                                      0.004
##      1                113 (41.1)   4 (23.5)
##      2                 74 (26.9)   1 ( 5.9)
##      3                 88 (32.0)  12 (70.6)
##   anemia = 1 (%)       88 (32.0)   9 (52.9)    0.075
##   history = 1 (%)      39 (14.2)   1 ( 5.9)    0.334
##   tumoursize = 1 (%)   35 (12.7)  11 (64.7)    <0.001
##   stage = 1 (%)        32 (11.6)   4 (23.5)    0.148
##   fuhrmangrade = 1 (%) 158 (57.5) 14 (82.4)    0.043
##   S = 1 (%)             4 ( 1.5)   2 (11.8)    0.004
##   L = 1 (%)            16 ( 5.8)   7 (41.2)    <0.001
##   OP = 1 (%)          248 (90.2)  16 (94.1)    0.593
##   C = 1 (%)            41 (14.9)   4 (23.5)    0.339
```

[그림 5-8] 성향점수 매칭 후 단순분석

그러나 현재의 단순분석은 최종 관심 변수인 사망과 개별 변수들을 일대일로 분석한 것이라서 동시에 다른 변수들을 보정한 상태에서의 비교가 필요하므로 다중회귀분석을 실시하여야 한다.

(2) 다중분석(multiple analysis)

```
reg = glm(death ~ Treatment+age+sex+smoking+DM+HTN+BMI+anemia+history+tu
moursize+stage+fuhrmangrade+S+L+OP+C, family=binomial( ), data=data.psm)
summary(reg)
```

최종 관심 변수인 사망을 종속변수로 설정하고, 이제부터는 독립변수에 항암치료(Treatment)도 입력하여 vars라는 객체로 지정한 것이다.

로지스틱 회귀분석에서 함수는 glm( )이며, 종속변수는 사망(death), 독립변수는 항암치료(Treatment)와 개별 변수들을 모두 넣어서 설정한다. 그런 다음 계산되어진 객체를 reg로 저장한 다음 이를 summary( ) 함수를 이용해서 출력한다.

```
##
## Call:
## glm(formula = death ~ Treatment + age + sex + smoking + DM +
##      HTN + BMI + anemia + history + tumoursize + stage + fuhrmangrade +
##      S + L + OP + C, family = binomial(), data = data.psm)
##
## Coefficients:
##               Estimate Std. Error z value Pr(>|z|)
## (Intercept)   -3.83931    1.94144  -1.978 0.047979 *
## Treatment     -3.38984    1.13393  -2.989 0.002795 **
## age            0.18431    0.79089   0.233 0.815728
## sex           -0.09048    1.12973  -0.080 0.936169
## smoking       -0.35764    1.10206  -0.325 0.745548
## DM             0.63712    0.74574   0.854 0.392910
## HTN           -0.41768    1.02681  -0.407 0.684176
## BMI            0.59456    0.46298   1.284 0.199072
## anemia         0.21258    0.79829   0.266 0.790012
## history       -0.81529    1.23749  -0.659 0.510008
## tumoursize     2.88579    0.80451   3.587 0.000335 ***
## stage         -0.32630    0.90049  -0.362 0.717087
## fuhrmangrade   0.51681    0.81403   0.635 0.525509
## S              0.96379    1.56838   0.615 0.538877
## L              1.87862    0.85854   2.188 0.028659 *
## OP            -1.22804    1.26927  -0.968 0.333285
## C             -0.35725    0.85103  -0.420 0.674640
## ---
## Signif. codes:  0 '***' 0.001 '**' 0.01 '*' 0.05 '.' 0.1 ' ' 1
##
## (Dispersion parameter for binomial family taken to be 1)
##
##     Null deviance: 129.671  on 291  degrees of freedom
## Residual deviance:  71.656  on 275  degrees of freedom
## AIC: 105.66
##
## Number of Fisher Scoring iterations: 8
```

[그림 5-9] 성향점수 매칭 후 로지스틱 회귀분석

　　다중 로지스틱 회귀분석을 통해서 유의한 변수는 항암치료(Treatment), tumoursize, 그리고 L(림프관 침범)으로 나타났다. 현재의 회귀계수는 로그값이므로 해석에 주의를 기울여야 한다. 예를 들어 age에서부터 모든 개별 변수들을 통제한 상태에서도 항암치료(Treatment)를 받은 그룹이 받지 않은 그룹에 비해서 사망의 위험이 0.034(로그값 −3.389의 지수변환)로서 96.3% 통계적으로 유의하게 감소하는 것으로 나타났다(p=0.003). 또한 tumoursize가 큰 그룹이 작은 그룹에 비해서 17.9배(로그값 2.886의 지수변환)(p ＜ 0.001)

그리고 L(림프관 침범)이 있는 그룹이 없는 그룹보다 6.5배(로그값 1.879의 지수변환)(p= 0.029) 통계적으로 유의하게 높게 나타났다(그림 5-9).

　회귀계수가 로그값으로 해석이 불편할 경우 아래 jtools 패키지의 summ( ) 함수를 이용하면 쉽게 변환할 수 있다(그림 5-10).

```
jtools::summ(reg, exp=T, digits=3)
```

```
## MODEL INFO:
## Observations: 292
## Dependent Variable: death
## Type: Generalized linear model
##   Family: binomial
##   Link function: logit
##
## MODEL FIT:
## χ² (16) = 58.015, p = 0.000
## Pseudo-R² (Cragg-Uhler) = 0.503
## Pseudo-R² (McFadden) = 0.447
## AIC = 105.656, BIC = 168.160
##
## Standard errors: MLE
## ----------------------------------------------------------------
##                   exp(Est.)    2.5%    97.5%    z val.       p
## ----------------- ----------- ------- -------- -------- -------
## (Intercept)          0.022    0.000    0.966   -1.978    0.048
## Treatment            0.034    0.004    0.311   -2.989    0.003
## age                  1.202    0.255    5.666    0.233    0.816
## sex                  0.913    0.100    8.363   -0.080    0.936
## smoking              0.699    0.081    6.064   -0.325    0.746
## DM                   1.891    0.438    8.156    0.854    0.393
## HTN                  0.659    0.088    4.927   -0.407    0.684
## BMI                  1.812    0.731    4.491    1.284    0.199
## anemia               1.237    0.259    5.913    0.266    0.790
## history              0.443    0.039    5.004   -0.659    0.510
## tumoursize          17.918    3.702   86.713    3.587    0.000
## stage                0.722    0.124    4.215   -0.362    0.717
## fuhrmangrade         1.677    0.340    8.267    0.635    0.526
## S                    2.622    0.121   56.699    0.615    0.539
## L                    6.544    1.216   35.210    2.188    0.029
## OP                   0.293    0.024    3.524   -0.968    0.333
## C                    0.700    0.132    3.709   -0.420    0.675
## ----------------------------------------------------------------
```

[그림 5-10] 성향점수 매칭 후 로지스틱 회귀분석_회귀계수 지수변환

　　R에서는 특정 패키지 내의 여러 함수들을 사용하기 위해서는 해당 패키지를 메모리에 올리는 과정이 필요한데 지금처럼 한 번만 패키지 내 함수를 사용할 경우 패키지와 함수 사이에 :: 기호를 이용해서 간단히 사용할 수 있다. 예를 들어 jtools 패키지 안의 summ( ) 함수는 해당 객체의 로그값을 위험도로 지수변환을 해줄 수 있는데 이때 굳이 전체 jtools 패키지를 로딩하지 않고 jtools::summ(reg, exp=T, digits=3) 한 번에 입력하면 된다. summ( ) 함수 내에는 다중 로지스틱 회귀분석의 객체로 저장한 reg를 넣고, exp=T를 통해서 지수변환시키며, 마지막으로 digits=3를 통해서 표현할 소수점의 자리 수를 설정한다.

■ 성향점수 매칭 이전의 다중회귀분석과 비교

```
reg = glm(death ~ Treatment+age+sex+smoking+DM+HTN+BMI+anemia+history+tu
moursize+stage+fuhrmangrade+S+L+OP+C, family=binomial(), data=data)
summary(reg)
```

앞서 살펴본 다중 로지스틱 회귀분석은 성향점수 매칭에 따른 새로운 표본으로 항암치료에 따른 선택 편향을 제거한 다음 이루어진 것이다. 그렇다면 만약 성향점수 매칭의 보정 없이 바로 회귀분석을 하면 어떤 결과를 나타낼까?

　　비교를 위해서 매칭 이전의 원자료인 data를 넣고 동일하게 다중 로지스틱 회귀분석을 실시하였다.

　　분석결과 다행히 앞서 성향점수 매칭으로 보정한 결과와 큰 차이를 보이지는 않았다. 다중 로지스틱 회귀분석을 통해서 유의한 변수는 항암치료(Treatment), tumoursize, 그리고 L(림프관 침범)으로 나타났다. Treatment를 받은 그룹이 받지 않은 그룹에 비해서 사망위험이 0.110로서 89.0% 통계적으로 유의하게 감소하는 것으로 나타났다(p=0.001). 또한 tumoursize가 큰 그룹이 작은 그룹에 비해서 11.3배(p < 0.001) 그리고 L(림프관 침범)이 있는 그룹이 없는 그룹보다 6.3배(p=0.002) 통계적으로 유의하게 높게 나타났다(그림 5-11).

```
jtools::summ(reg, exp=T, digits=3)
```

```
## MODEL INFO:
## Observations: 491
## Dependent Variable: death
## Type: Generalized linear model
##    Family: binomial
##    Link function: logit
##
## MODEL FIT:
## χ² (16) = 76.073, p = 0.000
## Pseudo-R² (Cragg-Uhler) = 0.423
## Pseudo-R² (McFadden) = 0.374
## AIC = 161.320, BIC = 232.659
##
## Standard errors: MLE
## -----------------------------------------------------------------
##                     exp(Est.)    2.5%    97.5%   z val.        p
## ------------------- ----------- ------- -------- -------- --------
## (Intercept)            0.006    0.000    0.133   -3.204    0.001
## Treatment              0.110    0.032    0.382   -3.476    0.001
## age                    1.457    0.490    4.335    0.677    0.499
## sex                    1.518    0.353    6.527    0.560    0.575
## smoking                1.902    0.475    7.613    0.908    0.364
## DM                     1.704    0.545    5.326    0.916    0.360
## HTN                    0.197    0.032    1.210   -1.754    0.079
## BMI                    1.595    0.840    3.027    1.427    0.154
## anemia                 1.686    0.587    4.844    0.970    0.332
## history                0.388    0.071    2.102   -1.099    0.272
## tumoursize            11.322    3.774   33.959    4.330    0.000
## stage                  1.007    0.287    3.533    0.011    0.991
## fuhrmangrade           2.400    0.686    8.396    1.370    0.171
## S                      3.392    0.287   40.052    0.970    0.332
## L                      6.276    1.935   20.355    3.059    0.002
## OP                     0.555    0.059    5.230   -0.515    0.607
## C                      0.541    0.158    1.859   -0.975    0.329
## -----------------------------------------------------------------
```

[그림 5-11] 성향점수 매칭 전 로지스틱 회귀분석_회귀계수 지수변환

전체적인 위험요인을 찾아내는 것은 매칭 전과 후의 분석결과가 동일하지만 성향점수 매칭을 하지 않은 원자료로 분석한 결과는 성향점수 매칭을 실시한 회귀분석보다 전체적으로 효과 크기가 낮게 나타났다.

그렇다면 만약 매칭 전과 후의 위험요인 결과가 상이하거나 다른 결과를 보인다면 우리는 어떤 선택을 해야 할까?

당연히 성향점수 매칭을 하는 이유와 방법의 타당성을 학습하였기에 성향점수 매칭으로 보정하여 선택 편향을 제거한 표본이 신뢰도가 더 높다고 할 수 있을 것이다. 따라서 연구자들은 성향점수분석을 실시할 때 해당 결과에 대한 해석까지 고려하면서 분석을 하여야 한다.

5.4 성향점수 가중치(Propsensity score weighting)

성향점수 매칭과 성향점수 가중치는 성향점수를 이용하여 선택 편향을 해소하는 것은 동일하지만, 성향점수 매칭은 성향점수가 유사한 표본끼리 매칭을 통해서 표본의 일부를 추출하는 방법이고, 성향점수 가중치는 표본에 각각의 성향점수 가중치를 역으로 주어 유사집단 (pseudo population)을 생성하는 방법이다. 따라서 성향점수 매칭 시에는 표본이 감소하는 경향이 있으나, 성향점수 가중치 방법을 사용하면 표본을 증가하거나 또는 동일하게 할 수도 있다.

1) 성향점수 만들기(propensity score)

```
reg = glm(Treatment ~ age+sex+smoking+DM+HTN+BMI+anemia+history+tumours
ize+stage+fuhrmangrade+S+L+OP+C, family=binomial(), data=data) #치료변수에 해
당하는 것은 Treatment이 1일 확률을 구한다.
data$pscore <- c(predict.glm(reg, type="response")) #post-estimation 할 때
type="response"를 해주어야 종속변수가 될 확률을 추정한다.
head(data)
```

성향점수분석의 첫 번째 단계는 치료에 영향을 미치는 변수들을 투입하여 각각의 환자별 성향점수(propensity score)를 만들어 주는 것이다. 성향점수 생성은 앞에서 실시한 성향점수 매칭에서의 방법과 동일하다.

2) IPTW와 SW 만들기

성향점수 가중치 방법에서는 매칭을 통한 두 집단끼리의 짝짓기를 통해서 표본을 새롭게 추출하는 것이 아니라 두 집단 각각에 일정량의 가중치를 주어서 개별 공변량에 대한 전반적인 성향점수를 유사하게 만들어 주는 것이다. 따라서 새로운 표본이 만들어지지 않고 분석 시에 원자료 데이터셋에 가중치를 주어서 계산한다.

성향점수 가중치에는 IPTW(inverse probability of treatment weighting, 치료받을 확률의 역수 가중치)와 SW(stabilized weighting, 안정화된 가중치)가 있다.

```
data$ipw <- ifelse(data$Treatment==1, 1/data$pscore, 1/(1-data$pscore))
prop <- sum(data$Treatment)/length(data$Treatment)
data$sw <- ifelse(data$Treatment==1, prop/data$pscore, (1-prop)/
(1-data$pscore))
length(data$pscore)
```

우선 IPTW는 치료를 받은 그룹일 경우 성향점수의 역수를 주고, 받지 않은 그룹일 경우 1−성향점수의 역수를 가중치로 계산한다. 그러나 IPTW로 개별 환자들에 대한 가중치를 주게 되면 전체 표본수의 약 2배가 나오므로 이를 선택 편향이 없는 보정된 상태를 유지하면서 원래의 표본수로 안정화시켜 주는 과정이 SW이다.

SW를 계산하기 위해서는 prop <- sum(data$Treatment)/length(data$Treatment) 전체 집단에서 치료받을 확률을 계산한다. 그런 다음 치료를 받은 그룹일 경우 전체 확률을 성향점수로 나누어주고, 받지 않은 그룹일 경우 (1−전체확률) / (1−성향점수)를 가중치로 계산한다.

length(data$pscore)를 실행하면 원자료의 전체 환자수인 491명이 나오게 되고, sum(data$ipw)를 실행하면 IPTW의 전체 가중치 합 즉, 표본수가 약 966명으로 거의 2배에 가깝게 나오지만, sum(data$sw)을 실행하면 원래의 표본수에 가까운 485가 나온다.

3) 성향점수 가중치 이후 분포 확인

본 연구에서는 SW 방법만 적용할 예정이며 IPW를 활용하고자 한다면 서베이 디자인 셋업에서 weights=~sw에서 ipw를 대체하여 적용하면 된다.

(1) 집단별 요약 통계량

```
library(survey)
```

성향점수 가중치 방법에서 분석 시에 원자료 가중치를 주어서 계산하기 위해서는 survey 패키지를 R 메모리에 로딩한다.

```
library(tableone)
##svyCreateTableOne {tableone} 한꺼번에 작성 가능

##SW##
svydes.sw <-svydesign(id=~id, weights=~sw, data=data, strata=~Treatment)
#survey setup
vars <- c("age", "sex", "smoking", "HTN", "DM", "BMI", "anemia", "history",
"tumoursize", "stage", "fuhrmangrade", "S", "L", "OP", "C")
svy.sw.tableone <- svyCreateTableOne(strata="Treatment", vars = vars,
factorVars = vars, data = svydes.sw)
print(svy.sw.tableone, conDigits=5, smd=T) #PS weighting 상태에서의 개별 통계량과
집단에 따른 유의차, SMD를 확인할 수 있다.
```

성향점수 가중치에서 첫 번째 단계로 서베이 디자인 셋업이 필요하다. 이를 위해서 svydesign( ) 함수를 사용한다. 옵션으로 id를 입력하고, weights에는 앞에서 만들어 놓은 sw, strata에는 비교하고자 하는 그룹을 나타내는 변수로서 본 분석에서는 항암치료 여부인 Treatment를 설정하였다. 서베이 디자인 셋업이 완료되면 이를 svydes.sw라는 유사집단이라는 객체를 생성한다.

이후 svyCreateTableOne( ) 함수를 이용하여 필요요소들을 입력하는데, strata는 치료변

수, vars는 입력의 편의를 위해서 미리 만들어 둔 age에서부터 C에 이르는 개별 변수를 입력하고, 모두 범주형 변수이기에 factorVars에도 설정한다. 유의할 점은 data에 앞에서 생성한 서베이 디자인 svydes.sw를 지정하여야 한다.

```
##                          Stratified by Treatment
##                          0             1             p       test SMD
## n                        176.9         308.2
## age = 1 (%)               72.3 (40.9)  121.4 (39.4)  0.760        0.031
## sex = 1 (%)               58.0 (32.8)  100.9 (32.7)  0.987        0.002
## smoking = 1 (%)          102.9 (58.2)  184.0 (59.7)  0.764        0.030
## HTN = 1 (%)               30.1 (17.0)   53.3 (17.3)  0.944        0.007
## DM = 1 (%)                69.0 (39.0)  118.4 (38.4)  0.906        0.012
## BMI (%)                                               0.771        0.074
##    1                      69.4 (39.2)  118.0 (38.3)
##    2                      40.9 (23.1)   81.0 (26.3)
##    3                      66.6 (37.6)  109.3 (35.5)
## anemia = 1 (%)            51.8 (29.3)   86.8 (28.1)  0.797        0.026
## history = 1 (%)           22.8 (12.9)   40.6 (13.2)  0.936        0.009
## tumoursize = 1 (%)        27.7 (15.7)   50.1 (16.3)  0.869        0.016
## stage = 1 (%)             27.7 (15.7)   62.3 (20.2)  0.294        0.118
## fuhrmangrade = 1 (%)     106.2 (60.0)  185.4 (60.1)  0.983        0.002
## S = 1 (%)                  2.5 ( 1.4)    5.2 ( 1.7)  0.840        0.021
## L = 1 (%)                 16.8 ( 9.5)   45.2 (14.7)  0.136        0.159
## OP = 1 (%)               159.5 (90.1)  276.4 (89.7)  0.873        0.016
## C = 1 (%)                 26.6 (15.1)   47.3 (15.3)  0.938        0.008
```

[그림 5-12] 성향점수 가중치 후 요약 통계량

(그림 5-12) 성향점수 가중치를 통해서 만들어진 유사 집단 데이터에서 항암치료(stratified by Treatment)에 따른 요약 통계량을 살펴보면 다음과 같다.

항암치료를 받은 환자와 받지 않은 환자는 각각 176.9명과 308.2명이었다. 가상의 유사 집단을 생성한 것이기 때문에 실제 사람이 아니어서 소수점이 발생하는 것이다. 앞 (그림 5-1)에서 성향점수로 보정되지 않은 전체 표본에서는 age, anemia, stage, L(림프관 침범), 그리고 C(응고괴사)에서 항암치료를 받은 그룹과 받지 않은 그룹이 p-value 0.05 미만으로서 통계적으로 유의한 차이를 나타내고 있었지만, 성향점수 가중치를 통해서 분석된 자료에서는 모든 공변량이 통계적으로 유의한 차이를 나타내는 것은 없었다. 더불어 L(림프관 침범)의 SMD가 가장 높은 0.159이었지만 이것도 0.2를 넘지 않아 두 그룹의 차이는 무시할 수 있다고 판단된다. 이외에도 대부분 변수들의 SMD가 0.1 미만으로서 두 그룹은 baseline에서 항암치료를 받을 확률이 편중되지 않고 잘 분포된 것을 알 수 있다.

(2) 집단별 그래프

성향점수 가중치를 통해서 만들어진 유사 집단 데이터에서 항암치료(stratified by Treatment)에 따른 요약 통계량을 살펴보았으며, 이를 상자-수염 그림으로 도식화해 주면 보다 쉽게 이해할 수 있다.

■ 성향점수 가중치 전후 상자-수염 그림 만들기

```
######weighting 이전의 subset by Treatment#####
Treatment.1 <- data[data$Treatment== 1, ]
Treatment.0 <- data[data$Treatment== 0, ]
###SW svyset의 subset by Treatment##########
svydes.sw.sub.Treatment.1<-subset(svydes.sw, Treatment== 1)
svydes.sw.sub.Treatment.0<-subset(svydes.sw, Treatment== 0)
split.screen(c(2, 2))
```

상자-수염 그림을 만들기 위해서는 성향점수 가중치 전후의 각 그룹별 값을 먼저 객체로 만드는 과정이 필요하다. 성향점수 가중치 이전의 원자료인 data에서 Treatment==1은 항암치료를 받은 그룹을 나타내며, 0은 받지 않은 그룹을 나타낸다. 이들을 각각 Treatment.1과 Treatment.0으로 객체 저장한다. 그런 다음 성향점수 가중치 이후의 새로운 서베이 디자인인 svydes.sw에서 Treatment==1은 항암치료를 받은 그룹을 나타내며, 0은 받지 않은 그룹을 나타낸다. 이들을 각각 svydes.sw.sub.Treatment.1과 svydes.sw.sub.Treatment.0으로 객체 저장한다. split.screen(c(2,2))는 편의를 위하여 한 화면에 2*2 형태로 네 개의 화면이 동시에 나오게 한다.

```
screen(1); boxplot(Treatment.1$pscore, main="Treatment before Propensity
score weighting", xlab = "propensity score")
screen(2); boxplot(Treatment.0$pscore, main="Non-Treatment before
Propensity score weighting", xlab = "propensity score")
screen(3); svyboxplot(pscore~1, ylim = c(0, 1), svydes.sw.sub.Treatment.1,all.
outliers=TRUE, main="Treatment after Propensity score weighting", xlab =
"propensity score")
screen(4); svyboxplot(pscore~1, ylim = c(0, 1), svydes.sw.sub.Treatment.0, all.
outliers=TRUE, main="Non-Treatment after Propensity score weighting", xlab
= "propensity score")
```

screen(1)에서부터 screen(4)에 이르기까지 순서대로 해당 상자-수염 그림을 넣어 준다.

사용하는 명령어는 boxplot( ) 함수를 사용하며 함수 내 앞에서 미리 만들어 놓은 객체 내 성향점수(pscore)를 설정한다. 그 외 main과 xlab은 편의를 위해서 그림의 제목을 임의로 설정한 것이다. 주의할 점은 screen으로 화면을 나누면 좌에서 우로, 위에서 아래로 차례대로 넣어 주어야 하니 순서가 바뀌지 않도록 하여야 한다.

참고) split.screen( ) 함수는 사용 이후 close.screen(all=TRUE)를 통해서 원상복귀시켜 주어야 한다. 그렇지 않으면 화면이 계속 나뉘어 있게 되어 다음 분석이 불편할 수 있다.

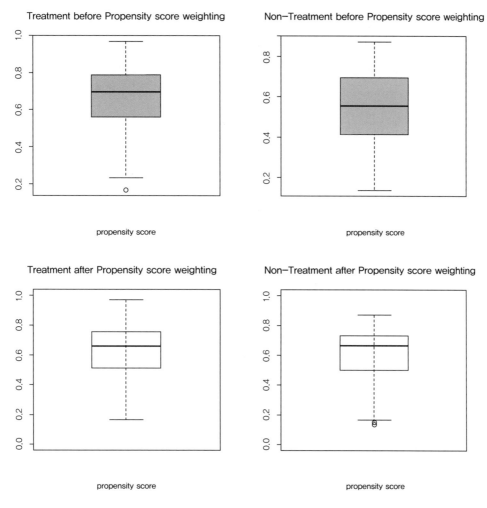

[그림 5-13] 성향점수 가중치 전후 상자-수염 그림

(그림 5-13) 그래프 상단 좌측과 우측은 성향점수 가중치 이전 항암치료를 받은 그룹과 받지 않은 그룹을 나타내는 것으로 두 집단의 분포에 차이를 나타낸다. 그러나 하단 좌측과 우측은 가중치 이후를 나타내는 것으로 두 집단의 분포와 평균이 동일하게 형성된 것을 확인할 수 있다.

성향점수 가중치 이전과 이후에서 항암치료를 받은 그룹과 받지 않은 두 그룹의 성향점수 평균의 차이를 비교해 보면 얼마나 균형(balance) 있게 보정되었는지 알 수 있다.

```
close.screen(all=TRUE) #화면분할이 해제됨
pscore.beforePSM <- CreateTableOne(strata = "Treatment", vars = "pscore",
data = data, test = T)
print(pscore.beforePSM, conDigits=5, smd=T)
```

```
##                     Stratified by Treatment
##                     0           1           p         test SMD
## n                   183         308
## pscore (mean (SD))  0.54 (0.18) 0.68 (0.16) <0.001           0.809
```

```
svydes.sw <-svydesign(id=~id, weights=~sw, data=data, strata=~Treatment)
#survey setup
pscore.afterPSW <- svyCreateTableOne(vars = "pscore", strata="Treatment",
data = svydes.sw)
print(pscore.afterPSW, conDigits=5, smd=T)
```

```
##                     Stratified by Treatment
##                     0            1           p         test SMD
## n                   176.89       308.22
## pscore (mean (SD))  0.61 (0.17)  0.63 (0.18) 0.501            0.071
```

집단별 요약 통계량을 CreateTableOne( )와 svyCreateTableOne( ) 함수를 이용해서 성향점수 가중치 전후의 성향점수의 평균을 구하고 이를 각각 t-test한 것이다.

성향점수 가중치 이전의 항암치료를 받은 그룹(0.68±0.16)과 받지 않은 그룹(0.54±0.18)은 통계적으로 유의한 차이를 나타내었으며(p < 0.001), SMD가 0.8이 넘어가서 두 집단은 매우 차이가 있다는 것을 나타낸다. 그러나 성향점수 가중치 이후의 항암치료를 받은 그룹(0.63±0.18)과 받지 않은 그룹(0.61±0.17)은 통계적으로 유의한 차이가 없었으며(p=0.501), SMD가 0.071으로 두 집단의 차이는 무시할 수 있을 만큼 균형 있게 보정된 것을 알 수 있다.

4) 로지스틱 회귀분석

성향점수 가중치를 통해서 항암치료에 영향을 미치는 변수(pretreatment)들을 마치 RCT처럼 선택 편향을 보정해 준 다음 이제부터 본격적으로 최종 관심 변수인 사망(death)에 대한 항암치료의 효과를 알아본다. 분석 시 종속변수인 사망과 개별 변수만을 확인하는 단순 분석과 더불어 여러 변수들을 공변량으로 동시에 투입해서 종속변수인 사망에 영향하는 변수들을 찾아보고자 한다.

(1) 단순분석(univariable analysis)

```
##
svydes.sw <-svydesign(id=~id, weights=~sw, data=data, strata=~Treatment)
#survey setup
vars <- c("Treatment", "age", "sex", "smoking", "HTN", "DM", "BMI", "anemia",
"history", "tumoursize", "stage", "fuhrmangrade", "S", "L", "OP", "C")
svy.sw.tableone <- svyCreateTableOne(strata="death", vars = vars, factorVars
= vars, data = svydes.sw)
print(svy.sw.tableone, conDigits=3, smd=T)
```

단순 로지스틱 회귀분석(simple logistic regression)은 연속형 변수일 때는 t-test, 범주형 변수일 때는 chi-square test의 결과와 동일하기 때문에 svyCreatTableOne( ) 함수를 이용하여 단순 두 그룹의 비교를 실시하였다.

처음 데이터의 요약 통계량을 확인하는 명령어와 동일하며 서베이 디자인 셋업 이후 분석이 실시되어야 한다.

vars 객체는 최종관심 변수인 사망을 종속변수로 설정하고, 독립변수에 항암치료(Treatment)도 입력하여 vars라는 객체로 지정한 것이다.

"tableone" 패키지의 svyCreateTableOne( ) 함수는 서베이 디자인 객체에서 요약 통계량을 일목요연하게 정리하는 함수로서 앞에서 설명한 내용과 동일하다. 주의할 점은 대상 객체가 data가 아니라 data=svydes.sw로 변경된 것을 확인할 수 있다.

strata="death"는 비교하고자 하는 그룹을 나타내는 변수로서 본 최종 분석에서는 항암치료에 따른 사망인 death를 설정하였다. 요약 통계량을 svy.sw.tableone이라는 객체로 저장한 다음 print(svy.sw.tableone, smd=T)를 통해서 요약 통계량을 테이블로 제시한다.

개별 변수들 중에서 통계적으로 유의한 차이를 나타내는 것은 Treatment(p=0.013), BMI(p 〈 0.001), anemia(p=0.005), tumoursize(p 〈 0.001), furmangrade(p=0.002), S(육종 모양 변화, p=0.044), 그리고 L(림프관 침범, p=0.001)이 위험요인으로 나타났다(그림 5-14).

즉, 사망한 그룹에서는 31.7% 만이 항암치료(Treatment)를 받았고, 생존한 그룹에서는 65.2%가 항암치료를 받은 것으로 나타나 항암치료를 받을수록 사망이 낮게 나타났다. BMI를 살펴보면, 사망한 그룹에서는 BMI가 높을수록 사망자가 많았으며, 생존한 그룹에서는 BMI의 뚜렷한 차이는 없는 것으로 보인다. 이외에도 tumoursize가 크고, fuhrmangrade가 높고, S(육종 모양 변화)와 L(림프관 침범)이 높을수록 사망비율이 통계적으로 높게 나타났다.

```
##                        Stratified by death
##                        0              1              p        test SMD
## n                      460.4          24.7
## Treatment = 1 (%)      300.4 (65.2)    7.8 (31.7)    0.013         0.714
## age = 1 (%)            180.8 (39.3)   13.0 (52.5)    0.257         0.268
## sex = 1 (%)            152.7 (33.2)    6.2 (25.1)    0.409         0.178
## smoking = 1 (%)        269.5 (58.5)   17.4 (70.5)    0.256         0.252
## HTN = 1 (%)             81.2 (17.6)    2.2 ( 8.9)    0.230         0.258
## DM = 1 (%)             179.4 (39.0)    8.0 (32.4)    0.549         0.138
## BMI (%)                                              <0.001        0.879
##    1                   182.9 (39.7)    4.4 (18.0)
##    2                   119.9 (26.0)    2.0 ( 8.0)
##    3                   157.6 (34.2)   18.3 (74.0)
## anemia = 1 (%)         124.5 (27.0)   14.1 (57.2)    0.005         0.641
## history = 1 (%)         61.9 (13.4)    1.5 ( 6.1)    0.244         0.249
## tumoursize = 1 (%)      62.0 (13.5)   15.9 (64.3)    <0.001        1.223
## stage = 1 (%)           82.7 (18.0)    7.4 (29.8)    0.168         0.280
## fuhrmangrade = 1 (%)   269.8 (58.6)   21.8 (88.2)    0.002         0.713
## S = 1 (%)                6.0 ( 1.3)    1.7 ( 6.9)    0.044         0.285
## L = 1 (%)               53.4 (11.6)    8.6 (34.8)    0.001         0.571
## OP = 1 (%)             412.9 (89.7)   23.0 (93.1)    0.675         0.121
## C = 1 (%)               66.3 (14.4)    7.5 (30.5)    0.108         0.394
```

[그림 5-14] 성향점수 가중치 후 단순분석

　　그러나 현재의 단순분석은 최종 관심 변수인 사망과 개별 변수들을 일대일로 분석한 것이라서 동시에 다른 변수들을 보정한 상태에서의 비교가 필요하므로 다중회귀분석을 실시하여야 한다.

(2) 다중분석(multiple analysis)

```
svy.reg <- svyglm(death ~ Treatment+age+sex+smoking+DM+HTN+BMI+anemia+his
tory+tumoursize+stage+fuhrmangrade+S+L+OP+C, design=svydes.sw)
summary(svy.reg)
```

성향점수 가중치 분석에서 IPW 또는 SW 서베이 디자인셋을 로지스틱 회귀분석하기 위해서는 svyglm( ) 함수를 사용한다. 최종 관심 변수인 사망을 종속변수로 설정하고, 이제부터는 독립변수에 항암치료(Treatment)와 개별 변수를 모두 투입하였다. 그런 다음 계산되어진 객체를 svy.reg로 저장한 다음 이를 summary( ) 함수를 이용해서 출력한다.

```
##
## Call:
## svyglm(formula = death ~ Treatment + age + sex + smoking + DM +
##     HTN + BMI + anemia + history + tumoursize + stage + fuhrmangrade +
##     S + L + OP + C, design = svydes.sw)
##
## Survey design:
## svydesign(id = ~id, weights = ~sw, data = data, strata = ~Treatment)
##
## Coefficients:
##                 Estimate Std. Error t value Pr(>|t|)
## (Intercept)     0.026544   0.039708   0.668 0.504151
## Treatment      -0.073402   0.023544  -3.118 0.001934 **
## age             0.023775   0.027084   0.878 0.380471
## sex            -0.015355   0.022070  -0.696 0.486923
## smoking         0.011262   0.020899   0.539 0.590207
## DM             -0.005594   0.024231  -0.231 0.817519
## HTN            -0.039303   0.021681  -1.813 0.070493 .
## BMI             0.018918   0.011956   1.582 0.114251
## anemia          0.042161   0.025301   1.666 0.096292 .
## history        -0.039979   0.025093  -1.593 0.111778
## tumoursize      0.166017   0.048292   3.438 0.000638 ***
## stage          -0.047050   0.038166  -1.233 0.218274
## fuhrmangrade    0.033480   0.017057   1.963 0.050251 .
## S               0.070014   0.152461   0.459 0.646281
## L               0.101888   0.048066   2.120 0.034548 *
## OP             -0.029553   0.034070  -0.867 0.386158
## C              -0.006988   0.039723  -0.176 0.860432
## ---
## Signif. codes:  0 '***' 0.001 '**' 0.01 '*' 0.05 '.' 0.1 ' ' 1
##
## (Dispersion parameter for gaussian family taken to be 0.03989095)
##
## Number of Fisher Scoring iterations: 2
```

[그림 5-15] 성향점수 가중치 후 로지스틱 회귀분석

　　다중 로지스틱 회귀분석을 통해서 유의한 변수는 항암치료(Treatment), tumoursize, 그리고 L(림프관 침범)으로 나타났다. 현재의 회귀계수는 로그값이므로 해석에 주의를 기울여야 한다(그림 5-15). 예를 들어 age에서부터 모든 개별 변수들을 통제한 상태에서도 항암치료(Treatment)를 받은 그룹이 받지 않은 그룹에 비해서 사망의 위험이 0.929(로그값 −0.073의 지수변환)로서 7.1% 통계적으로 유의하게 감소하는 것으로 나타났다(p=0.002). 또한 tumoursize가 큰 그룹이 작은 그룹에 비해서 18.1%(로그값 0.166의 지수변환)(p=0.001) 그

리고 L(림프관 침범)이 있는 그룹이 없는 그룹보다 10.7%(로그값 0.102의 지수변환)(p=0.035) 통계적으로 유의하게 높게 나타났다. 회귀계수가 로그값으로 해석이 불편할 경우 아래 jtools 패키지의 summ( ) 함수를 이용하면 쉽게 변환할 수 있다(그림 5-16).

```
jtools::summ(svy.reg, exp=T, digits=3)
```

```
## MODEL INFO:
## Observations: 491
## Dependent Variable: death
## Type: Survey-weighted linear regression
##
## MODEL FIT:
## R²  = 0.176
## Adj. R²  = 0.148
##
## Standard errors: Robust
## ----------------------------------------------------------
##                      exp(Est.)    S.E.    t val.      p
## ------------------ ----------- ------- -------- -------
## (Intercept)            1.027    0.040     0.668   0.504
## Treatment              0.929    0.024    -3.118   0.002
## age                    1.024    0.027     0.878   0.380
## sex                    0.985    0.022    -0.696   0.487
## smoking                1.011    0.021     0.539   0.590
## DM                     0.994    0.024    -0.231   0.818
## HTN                    0.961    0.022    -1.813   0.070
## BMI                    1.019    0.012     1.582   0.114
## anemia                 1.043    0.025     1.666   0.096
## history                0.961    0.025    -1.593   0.112
## tumoursize             1.181    0.048     3.438   0.001
## stage                  0.954    0.038    -1.233   0.218
## fuhrmangrade           1.034    0.017     1.963   0.050
## S                      1.073    0.152     0.459   0.646
## L                      1.107    0.048     2.120   0.035
## OP                     0.971    0.034    -0.867   0.386
## C                      0.993    0.040    -0.176   0.860
## ----------------------------------------------------------
##
## Estimated dispersion parameter = 0.04
```

[그림 5-16] 성향점수 가중치 후 로지스틱 회귀분석_회귀계수 지수변환

■ 원자료, 성향점수 매칭, 그리고 성향점수 가중치의 결과 비교

관찰연구자료에서 선택 편향을 제거하지 않은 원자료(n=491), 최근접 이웃 매칭을 실시한 성향점수 매칭 자료(n=292), 그리고 성향점수 가중치를 통한 유사 집단 자료(n=485.1)를 이용한 다중회귀분석 결과를 살펴보면 다음과 같다.

[표 5-2] 다중회귀분석 결과 비교_(원자료 vs PSM vs PSW)

	Original				PSM				PSW			
	OR	CIL	CIH	P-value	OR	CIL	CIH	P-value	OR	CIL	CIH	P-value
Treatment	0.110	0.032	0.382	<0.001*	0.034	0.004	0.311	0.003*	0.929	0.024	-3.118	0.002*
age	1.457	0.490	4.335	0.499	1.202	0.255	5.666	0.816	1.024	0.027	0.878	0.380
sex	1.518	0.353	6.527	0.575	0.913	0.100	8.363	0.936	0.985	0.022	-0.696	0.487
smoking	1.902	0.475	7.613	0.364	0.699	0.081	6.064	0.746	1.011	0.021	0.539	0.590
DM	1.704	0.545	5.326	0.360	1.891	0.438	8.156	0.393	0.994	0.024	-0.231	0.818
HTN	0.197	0.032	1.210	0.079	0.659	0.088	4.927	0.684	0.961	0.022	-1.813	0.070
BMI	1.595	0.840	3.027	0.154	1.812	0.731	4.491	0.199	1.019	0.012	1.582	0.114
anemia	1.686	0.587	4.844	0.332	1.237	0.259	5.913	0.790	1.043	0.025	1.666	0.096
history	0.388	0.071	2.102	0.272	0.443	0.039	5.004	0.510	0.961	0.025	-1.593	0.112
tumour size	11.322	3.774	33.959	<0.001*	17.918	3.702	86.713	<0.001*	1.181	0.048	3.438	<0.001*
PT stage	1.007	0.287	3.533	0.991	0.722	0.124	4.215	0.717	0.954	0.038	-1.233	0.218
F	2.400	0.686	8.396	0.171	1.677	0.340	8.267	0.526	1.034	0.017	1.963	0.050*
S	3.392	0.287	40.052	0.332	2.622	0.121	56.699	0.539	1.073	0.152	0.459	0.646
L	6.276	1.935	20.355	0.002*	6.544	1.216	35.210	0.029*	1.107	0.048	2.120	0.035*
OP	0.555	0.059	5.230	0.607	0.293	0.024	3.524	0.333	0.971	0.034	-0.867	0.386
C	0.541	0.158	1.859	0.329	0.700	0.132	3.709	0.675	0.993	0.040	-0.176	0.860

OR = Odds Ratio; CIL = Confidence Interval Low; CIL = Confidence Interval High; PSM, propsity score matching; PSW, propensity score weighting; F, Fuhrmangrade; S, Sarcomatoid Differentiation; L, Lymphovascular Invasion; OP, Operation; C, Coagulative Necrosis. *p < 0.05

우선 세 개의 분석결과에서 동일하게 항암치료(Treatment), tumoursize, L(림프관 침범)이 유의한 위험요인으로 확인되었다. 그렇지만 성향점수 가중치(PSW)에서는 F(Fuhrmangrade)가 추가적으로 유의한 변수로 확인되었다.

유의한 변수들의 효과 크기를 살펴보면 성향점수 매칭에서는 과하게 나오는 경향이 있고 성향점수 가중치에서는 약간 낮게 나오는 것으로 보여진다. 예를 들어 항암치료(Treatment) 의 효과를 살펴보면, 성향점수 매칭에서 약 96.6% 사망의 위험이 감소하는 것으로 나타나지만, 성향점수 가중치에서는 7.1% 감소하는 것으로 나타나 둘 사이의 간격이 매우 크다는 것을 알 수 있다.

이처럼 상이한 결과가 나타날 경우 모형 선택에 대해서 연구자들이 혼란스러울 수 있지만 저자는 다음과 같은 원칙을 제시하고자 한다.

첫째, 선택 편향이 충분히 제거되어야 한다. 예를 들어 본 자료 분석에서 항암치료의 효과를 보고자 할 때, 관찰된 자료들에서 항암치료를 받을 확률이 이미 다른 요인들로 인해 삐뚤림(선택 편향)이 발생한 경우 이를 보정하는 데 집중하여야 한다. 이를 확인하는 방법은 두 집단의 통계량 차이를 검정하거나 또는 표준화된 효과 크기(SMD)를 비교하면서 선택 편향이 최소화된 표본을 선택하는 것이 가장 중요하다.

둘째, 숨겨진 공변량이 없어야 한다. 이것은 처음 성향점수를 계산할 때 항암치료에 영향하는 모든 공변량을 파악하는 것이 중요하며 개별 변수들 간의 상관성을 파악해서 최대한 선택과 배제를 실시하여야 한다.

셋째, 최종 결과를 보기 위한 회귀모형 설정 시 적절한 변수 선택이 필요하며 추가적으로 민감도 분석을 제시한다. 예를 들어 본 자료 분석에서 신세포암의 항암치료에 대한 최종 관심 변수인 사망의 효과를 보고자 할 때, 항암치료 이외에 투입될 변수들에 대한 적절한 선택과 배제를 통해서 최적의 모델을 찾는 것이 중요하다. 또한 이를 시나리오별로 모델을 다수 제시함으로써 해당 분석결과의 값이 참(True)으로 향해 가도록 노력하여야 한다.

5) 생존분석

성향점수 매칭과 성향점수 가중치를 통해서 항암치료에 영향을 미치는 변수(pretreatment) 들을 마치 RCT처럼 선택 편향을 보정해 준 다중회귀분석을 통해서 최종 관심 변수인 사망 (death)에 대한 항암치료의 효과를 알아보았다.

이번에는 생존분석의 방법을 알아보고자 한다. 성향점수 매칭 이후에는 추출된 새로운 데이터셋이 만들어질 것이니 원래의 생존분석 방법대로 실행 가능하기에 설명을 생략하고 성향점수 가중치 이후에는 유사 집단(pseudo population)을 다루어야 하는 까다로움이 있있기에 이를 집중해서 살펴보겠다.

```
library(survival)
library(survey)
library(ggplot2)
library(survminer)
```

```
library(jskm)
```

생존분석에서 사용할 패키지들을 메모리에 로딩한다. 해당 패키지들이 없다면 사전에 install.packages( ) 함수를 이용해서 설치하여야 한다. Kaplan Meier 곡선을 그릴 때 기본으로 제공하는 plot( ) 함수보다는 jskm 패키지가 생명표(life table)까지 제공하므로 관련 패키지도 추가로 설치를 권고한다.

(1) Kaplan Meier 곡선

```
svykm <- svykm(Surv(data$period, data$death==1)~Treatment, design=svydes.sw)
#survey setup
svyjskm(svykm, table=T)
```

성향점수 가중치를 통한 서베이 디자인 셋업한 유사 집단(pseudo population)을 입력하여 항암치료에 따른 Kaplan Meier 곡선을 생성한다. svykm( ) 함수를 설정할 때 '~' 왼쪽은 Surv(data$period,data$death==1) 생존분석 데이터의 셋업으로서 Surv( ) 함수 내에 시간 변수와 사망변수를 각각 설정한다. '~' 오른쪽은 보고자하는 치료 그룹변수와 서베이 디자인 셋업을 설정한다.

svyjskm( ) 함수를 이용하여 Kaplan Meier 곡선을 만들 때 table=T를 설정하여 곡선 아래 생명표가 나오게 설정한다.

Kaplan Meier 곡선에서 상단의 파란색이 항암치료 그룹이며 하단의 빨간색이 치료받지 않은 그룹이다. 두 그룹은 일정한 시간 경과에 따라서 일정한 차이를 나타내고 있으며 항암치료 그룹이 상대적으로 높은 생존율을 보이고 있다(그림 5-17).

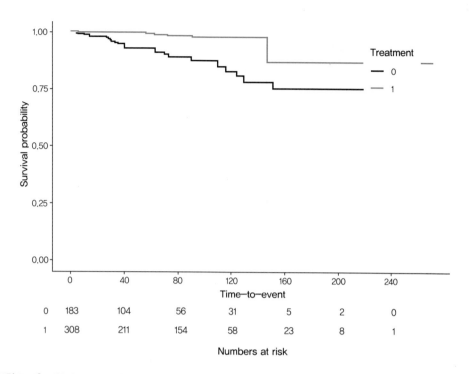

[그림 5-17] 성향점수 가중치 후 Kaplan Meier 곡선

■ Log rank 테스트

일반적으로 생존분석에서 특정 치료에 따른 사망의 관계를 볼 때 로그순위 검정(log rank test)을 사용한다. 이는 두 그룹의 사망 이벤트와 생존 시간에 대한 것을 고려해서 두 집단에서 유의한 차이가 있는지 검정하는 것이다.

```
svylogrank(Surv(data$period,data$death==1) ~ Treatment, design=svydes.sw)
```

```
## [[1]]
##          score
## [1,] -8.860292 2.891212 -3.06456 0.002179904
##
## [[2]]
##        Chisq              p
## 9.391528328 0.002179904
##
## attr(,"class")
## [1] "svylogrank"
```

[그림 5-18] 성향점수 가중치 후 log-rank 테스트

svylogrank( ) 함수를 이용하여 분석한다. 생존분석 데이터 셋업과 치료변수를 좌우에 정확히 입력하고 서베이 디자인 셋업을 설정한다. 중간부분 p가 두 그룹의 p-value를 나타내는 것으로(p=0.002) 항암치료에 따라서 항암치료를 받은 그룹이 받지 않은 그룹에 비해서 통계적으로 유의하게 생존율이 높은 것을 알 수 있다(그림 5-18).

(2) Cox-PH 회귀분석

성향점수 가중치 분석에서 IPW 또는 SW 서베이 디자인셋을 Cox-PH 생존분석하기 위해서는 svycoxph( ) 함수를 사용한다. 최종 관심 변수인 사망(death)과 관찰 기간(period)을 종속변수로 설정하여 생존분석 데이터 셋업을 실시하고, 독립변수에 항암치료(Treatment)와 개별 변수를 투입하여 분석을 실시한다. 그런 다음 계산되어진 객체를 summary( ) 함수를 이용해서 출력한다.

■ 단순분석(univariable analysis)

```
cox.svy.trt <- svycoxph(Surv(period,death==1) ~ Treatment, design=svydes.sw);
summary(cox.svy.trt)
```

독립변수가 하나만 들어가는 단순분석은 앞에서 실시한 로그순위 검정의 결과와 동일하다. 이는 마치 일반 분석에서 공변량들과 최종 종속변수와의 관계를 파악하기 위해서 개별 변수

하나하나를 살펴볼 때 사용한다.

```
## Call:
## svycoxph(formula = Surv(period, death == 1) ~ Treatment, design = svydes.sw)
##
##   n= 491, number of events= 26
##
##               coef exp(coef) se(coef) robust se      z Pr(>|z|)
## Treatment -1.5112    0.2206   0.4312    0.5561 -2.717  0.00658 **
## ---
## Signif. codes:  0 '***' 0.001 '**' 0.01 '*' 0.05 '.' 0.1 ' ' 1
##
##           exp(coef) exp(-coef) lower .95 upper .95
## Treatment    0.2206      4.532   0.07419    0.6562
##
## Concordance= 0.722  (se = 0.046 )
## Likelihood ratio test= NA  on 1 df,   p=NA
## Wald test            = 7.38  on 1 df,   p=0.007
## Score (logrank) test = NA  on 1 df,   p=NA
##
##   (Note: the likelihood ratio and score tests assume independence of
##      observations within a cluster, the Wald and robust score tests do not).
```

[그림 5-19] 성향점수 가중치 후 Cox-PH 단순분석

분석결과 p-value가 0.006으로 나타나 역시 항암치료에 따른 사망이 감소하는 것으로 나타났다(그림 5-19).

■ 다중분석(multivariable analysis)

```
cox.svy.m <- svycoxph(Surv(period,death==1) ~ Treatment+age+sex+smoking
+DM+HTN+BMI+anemia+history+tumoursize+stage+fuhrmangrade+S+L+OP+C,
design=svydes.sw); summary(cox.svy.m)
```

성향점수 가중치를 통한 서베이 디자인 셋업한 유사 집단(pseudo population)을 입력하여 생존분석 모델을 생성한다. svycoxph( ) 함수를 설정할 때 '~' 왼쪽은 Surv(data$period, data$death==1) 생존분석 데이터의 셋업으로서 Surv( ) 함수 내에 시간 변수(period)와 사망변수(death)를 각각 설정한다. '~' 오른쪽은 보고자 하는 치료그룹 변수 외 개별 변수들을 모두 설정하였다. 마지막으로 design에는 앞에서 설정한 서베이 디자인 셋업을 입력한다. 이

를 통해 만들어진 cox.svy.m 객체를 summary( ) 함수를 통해 출력한다.

```
## Call:
## svycoxph(formula = Surv(period, death == 1) ~ Treatment + age +
##     sex + smoking + DM + HTN + BMI + anemia + history + tumoursize +
##     stage + fuhrmangrade + S + L + OP + C, design = svydes.sw)
##
##   n= 491, number of events= 26
##
##                   coef exp(coef)  se(coef) robust se      z Pr(>|z|)
## Treatment     -0.94679   0.38799   0.40584   0.36028 -2.628  0.00859 **
## age            0.32189   1.37973   0.41648   0.34908  0.922  0.35648
## sex           -0.07127   0.93121   0.48863   0.43317 -0.165  0.86932
## smoking        0.02930   1.02974   0.44899   0.41737  0.070  0.94403
## DM            -0.18372   0.83217   0.43861   0.42801 -0.429  0.66775
## HTN           -0.32492   0.72258   0.61916   0.34070 -0.954  0.34024
## BMI            0.16784   1.18275   0.24260   0.19146  0.877  0.38067
## anemia         0.49103   1.63400   0.41014   0.34345  1.430  0.15281
## history       -0.40244   0.66869   0.74408   0.59200 -0.680  0.49663
## tumoursize     1.60054   4.95571   0.40303   0.34309  4.665 3.09e-06 ***
## stage         -0.37221   0.68921   0.48466   0.50096 -0.743  0.45748
## fuhrmangrade   0.30699   1.35933   0.46298   0.28588  1.074  0.28290
## S             -3.37482   0.03422  15.05916 295.44364 -0.011  0.99089
## L              2.01499   7.50065   0.47265   0.44204  4.558 5.15e-06 ***
## OP            -0.59984   0.54890   0.95254   1.45517 -0.412  0.68018
## C             -0.39504   0.67365   0.44132   0.32779 -1.205  0.22814
## ---
## Signif. codes:  0 '***' 0.001 '**' 0.01 '*' 0.05 '.' 0.1 ' ' 1
##
##              exp(coef) exp(-coef)  lower .95  upper .95
## Treatment      0.38799    2.5774  1.915e-01  7.861e-01
## age            1.37973    0.7248  6.961e-01  2.735e+00
## sex            0.93121    1.0739  3.984e-01  2.177e+00
## smoking        1.02974    0.9711  4.544e-01  2.333e+00
## DM             0.83217    1.2017  3.597e-01  1.925e+00
## HTN            0.72258    1.3839  3.706e-01  1.409e+00
## BMI            1.18275    0.8455  8.127e-01  1.721e+00
## anemia         1.63400    0.6120  8.335e-01  3.203e+00
## history        0.66869    1.4955  2.096e-01  2.134e+00
## tumoursize     4.95571    0.2018  2.530e+00  9.708e+00
## stage          0.68921    1.4509  2.582e-01  1.840e+00
## fuhrmangrade   1.35933    0.7357  7.762e-01  2.381e+00
## S              0.03422   29.2189 1.128e-253 1.039e+250
## L              7.50065    0.1333  3.154e+00  1.784e+01
## OP             0.54890    1.8218  3.168e-02  9.509e+00
## C              0.67365    1.4845  3.543e-01  1.281e+00
##
## Concordance= 0.788  (se = 0.085 )
## Likelihood ratio test= NA  on 16 df,   p=NA
## Wald test            = 180.9  on 16 df,   p=<2e-16
## Score (logrank) test = NA  on 16 df,   p=NA
##
##   (Note: the likelihood ratio and score tests assume independence of
##      observations within a cluster, the Wald and robust score tests do not).
```

[그림 5-20] 성향점수 가중치 후 Cox-PH 다중분석

생존분석 이후 summary( ) 함수를 사용하면 회귀계수에 해당하는 로그값과 더불어 하단에 이를 지수변환한 위험도(hazard ratio, HR)를 같이 제시하고 있어서 해석이 편리하다.

Cox-PH 다중회귀분석을 통해서 유의한 변수는 항암치료(Treatment), tumoursize, 그리고 L(림프관 침범)으로 나타났다. 예를 들어 age에서부터 모든 개별 변수들을 통제한 상태에서도 항암치료(Treatment)를 받은 그룹이 받지 않은 그룹에 비해서 사망의 위험이 0.388(로그값 −0.947의 지수변환)로서 61.2% 통계적으로 유의하게 감소하는 것으로 나타났다(P=0.009). 또한 tumoursize가 큰 그룹이 작은 그룹에 비해서 4.96배(로그값 1.601의 지수변환) (P < 0.001) 그리고 L(림프관 침범)이 있는 그룹이 없는 그룹보다 7.5배(로그값 2.015의 지수변환)(P < 0.001) 통계적으로 유의하게 높게 나타났다(그림 5-20).

앞에서 실시한 성향점수 매칭과 성향점수 가중치 이후의 다중 로지스틱 회귀분석과 현재의 생존분석은 유사한 결과를 나타낸다는 것을 확인할 수 있었다. 혹시 로지스틱 회귀분석과 생존분석에서 어떤 모형을 선택할지 고민인 연구자가 있다면 본인의 연구가설이 단순한 사망의 이벤트 확률을 보면서 항암치료의 효과를 구하려고 하는 것인지, 아니면 생존기간과 이벤트를 동시에 고려하면 적절한 분석 도구를 선택할 수 있을 것이다.

참고로 생존분석은 사망이라는 이벤트 이외에 생존기간이라는 정보를 추가적으로 포함하고 있기 때문에 본 연구설계에서는 가장 우선적으로 고려되어야 할 것이다.

참고문헌

문건웅 (2015). **의학논문 작성을 위한 R통계와 그래프**. 한나래출판사.

백영민, 박인서 (2021). **R기반 성향점수분석루빈 인과모형 기반 인과추론**. 한나래아카데미.

이동규 (2016). Propensity score matching method의 소개. *Anesthesia and Pain Medicine*, 11(2), 130–148.

이석민 (2018). **R과 STATA를 활용한 평가방법론 (준실험설계와 질적 접근)**. 법문사

Austin P. C. (2009). Balance diagnostics for comparing the distribution of baseline covariates between treatment groups in propensity–score matched samples. *Stat Med.*, Nov 10, 28(25), 3083–107.

Austin P. C. (2011). An introduction to propensity score methods for reducing the effects of confounding in observational studies. *Multivariate Behav Res.*, 46, 399–424.

Austin P. C. (2014). The use of propensity score methods with survival or time–to–event outcomes: reporting measures of effect similar to those used in randomized experiments. *Stat Med.*, Mar 30, 33(7), 1242–58.

Borenstein, M., Hedges, L. V., Higgins, J. P. & Rothstein, H. R. (2009). *Introduction to Meta-Analysis*. Chichester, UK: Wiley.

Cassel, C. M., Sarndal, C. E., Wretman, J. H. (1983). Some uses of statistical models in connection with the nonresponse problem In Incomplete Data in Sample Surveys III.. In: Madow, W. G. & Olkin, I. (eds.), *Symposium on Incomplete Data, Proceedings*. New York: Academic Press.

Cohen J. (1988). *Statistical Power Analysis for the Behavioral Sciences* (2nd ed.). Hillsdale, NJ: Lawrence Erlbaum Associates Publishers.

Gu, X. S., & Rosenbaum, P. R. (1993). Comparison of Multivariate Matching Methods: Structures, Distances, and Algorithms. *Journal of Computational and Graphical Statistics*, 2(4), 405–420.

Hirano, K., & Imbens, G. (2001). Estimation of causal effects using propensity score weighting: an application to data on right heart catheterization. *Health Serv Outcomes Res Methodol*, 2, 259–78.

Leite, W. L. (2017). *Practical propensity score methods using R*. SAGE Publications, Inc

Peduzzi, P., Concato, J., Kemper, E., Holford, T. R., & Feinstein, A. R. (1996). A simulation study of the number of events per variable in logistic regression analysis. *J Clin Epidemiol*, Dec., 49(12), 1373–9.

Robins, J. M. (1997). Proceedings of the Section on Bayesian Statistical Science. American Statistical Association. Alexandria, VA: 1998. Marginal structural models.; p. 1–10.

Robins, J. M., Hernan, M., & Brumback, B. (2000). Marginal structural models and causal inference in epidemiology. *Epidemiol*, 11, 550−60.

Rosenbaum, P. R. (1987). Model−based direct adjustment. *Journal of the American Statistical Association*, 82, 387−394.

Rosenbaum, P. R., & Rubin, D.B. (1983), The Central Role of the Propensity Score in Observational Studies for Causal Effects. *Biometrika*, 70(1), 41−55.

Rosenbaum, P. R., & Rubin, D. B. (1985). Constructing a control group using multivariate matched sampling methods that incorporate the propensity score. *American Statistician*, 39, 33−38.

Rubin, D. B. (2005). Causal inference using potential outcomes: Design, modeling, decisions. *Journal of the American Statistical Association*, 100(469), 322−331.

Shenyang, Guo & Mark W. Fraser (2014). *Propensity Score Analysis: Statistical Methods and Applications (Advanced Quantitative Techniques in the Social Sciences)*. SAGE Publications, Inc

Shim, S. R., Kim, H. J., Hong, M., Kwon, S. K., Kim, J. H., Lee, S. J., Lee, S. W., & Han, H. W. (2022). Effects of meteorological factors and air pollutants on the incidence of COVID−19 in South Korea. *Environ Res.*, Sep., 212(Pt C), 113392.

Shim, S. R., Kim, J. H., Choi, H., Bae, J. H., Kim, H. J., Kwon, S. S., Chun, B. C., Lee, W. J. (2015). Association between self−perception period of lower urinary tract symptoms and International Prostate Symptom Score: a propensity score matching study. *BMC Urol*, Apr 10;15:30. doi: 10.1186/s12894−015−0021−x.

Silber, J. H., Rosenbaum, P. R., & Clark, A. S. et al. (2013). Characteristics Associated With Differences in Survival Among Black and White Women With Breast Cancer. *JAMA*, 310(4), 389−397. doi:10.1001/jama.2013.8272

Won, I., Shim, S. R., Kim, S. I., Kim, S. J., & Cho, D. S. (2022). Albumin−to−Alkaline Phosphatase Ratio as a Novel Prognostic Factor in Patients Undergoing Nephrectomy for Non−Metastatic Renal Cell Carcinoma: Propensity Score Matching Analysis. *Clin Genitourin Cancer,* Jun, 20(3), e253−e262.

Xu, S., Ross, C., Raebel, M. A., Shetterly, S., Blanchette, C., & Smith, D. (2010). Use of stabilized inverse propensity scores as weights to directly estimate relative risk and its confidence intervals. *Value Health*, Mar−Apr, 13(2), 273−7.

Appendix. R 성향점수분석 코드

#예제자료는 PSsample.csv입니다.

#예제자료는 본문의 [표 5-1]은 https://blog.naver.com/ryul01 (네이버 블로그 "메타분석 공부하기")를 방문해서 "Books and Papers" -> "R 성향점수분석 예제자료들" 포스팅 또는 한나래 출판사 홈페이지 (www.hannarae.net) 자료실에서 내려받을 수 있습니다.

▶ Propensity score matching (성향점수 매칭)

1. 파일 불러오기

```
data <- read.csv("PSsample.csv")
```

2. Characteristics 파악
2.1. 집단별 통계량 t-test & smd

```
library(tableone) #install.packages("tableone")
vars <- c("age","sex","smoking","HTN","DM","BMI","anemia","history","tumoursize","stage","fuhrmangrade","S","L","OP","C") #모두 범주형 변수이다.
all.tableone <- CreateTableOne(strata = "Treatment", vars = vars,factorVars = vars,
                data = data, test = T, argsApprox = list(correct = F),
                testNonNormal = kruskal.test, testExact = fisher.test,
argsExact = list(workspace = 2*10^5))
print(all.tableone, smd=T) #Crude 상태에서의 개별 통계량과 집단에 따른 유의차, SMD를
확인할 수 있다.
#summary(all.tableone)
```

3. PSM_procedure
3.1. 사전 pscore 만들기

```
reg = glm(Treatment ~ age+sex+smoking+DM+HTN+BMI+anemia+history+tumoursize+stage+fuhrmangrade+S+L+OP+C, family=binomial(), data=data) #치료변수에 해당하는 것은 Treatment이 1일 확률을 구한다.
data$pscore <- c(predict.glm(reg, type="response")) #post-estimation 할 때
type="response"를 해주어야 종속변수가 될 확률을 추정한다.
head(data)
```

3.2. Matching
optmatch (안되는 경우가 종종 있기에 비추천)

```
library(optmatch) #install.packages("optmatch")
psmlist.opt <- matchit(Treatment ~ age+sex+smoking+DM+HTN+BMI+anemia+hi
story+tumoursize+stage+fuhrmangrade+S+L+OP+C, method = "optimal", data =
data) #list형태로 만들어짐.
summary(psmlist.opt)
plot(psmlist.opt, type = "hist", breaks=10) #histogram plot
data.psm <- match.data(psmlist.opt) # aft.psm만들기, distance가 생성되며 이게
pscore이다.
head(data.psm)
```

수동으로 매칭(추천)

```
library(MatchIt) #install.packages("MatchIt")
psmlist.lgt.near.c0.25sd.att <- matchit(Treatment ~ age+sex+smoking+DM+HTN+
BMI+anemia+history+tumoursize+stage+fuhrmangrade+S+L+OP+C, data = data,
distance = "glm", method = "nearest", replace=FALSE,estimand = "ATT", caliper
= sd(data$pscore)*0.25, ratio = 1)
summary(psmlist.lgt.near.c0.25sd.att)
plot(psmlist.lgt.near.c0.25sd.att, type = "hist", breaks=10) #histogram plot
data.psm <- match.data(psmlist.lgt.near.c0.25sd.att) # aft.psm만들기, distance가
생성되며 이게 pscore이다.
head(data.psm)
```

3.3. PSM 이후 balance 확인
3.3.1. 집단별 통계량 t-test & smd

```
vars <- c("age","sex","smoking","HTN","DM","BMI","anemia","history","tumoursiz
e","stage","fuhrmangrade","S","L","OP","C") #여기 변수들은 모두 범주형 변수이다.
psm.tableone <- CreateTableOne(strata = "Treatment", vars = vars,factorVars = vars,
                data = data.psm, test = T, argsApprox = list(correct = F),
                testNonNormal = kruskal.test, testExact = fisher.test,
argsExact = list(workspace = 2*10^5))
print(psm.tableone, smd=T) #PSM 이후 상태에서의 개별 통계량과 집단에 따른 유의차, SMD를
확인할 수 있다.
```

```
#### 3.3.2. Graph
#######PSM 이전의 propensity score by Treatment#####
Treatment.1 <- data[data$Treatment== 1,]
Treatment.0 <- data[data$Treatment== 0,]
Treatment.1.psm <- data.psm[data.psm$Treatment== 1,]
Treatment.0.psm <- data.psm[data.psm$Treatment== 0,]
split.screen(c(2,2)) #화면분할
screen(1);boxplot(Treatment.1$pscore, main="Treatment before PSM",xlab =
"propensity score")
screen(2);boxplot(Treatment.0$pscore, main="Non-Treatment before PSM",xlab =
"propensity score")
screen(3);boxplot(Treatment.1.psm$pscore, main="Treatment after PSM",xlab =
"propensity score")
screen(4);boxplot(Treatment.0.psm$pscore, main="Non-Treatment after
PSM",xlab = "propensity score")
close.screen(all=TRUE) #이걸 해주어야 리셋됨

pscore.beforePSM <- CreateTableOne(strata = "Treatment", vars = "pscore",
data = data, test = T)
print(pscore.beforePSM, conDigits=5, smd=T) #매칭이전 PS 확인
pscore.afterPSM <- CreateTableOne(strata = "Treatment", vars = "pscore", data
= data.psm, test = T)
print(pscore.afterPSM, conDigits=5, smd=T) #매칭이후 PS 확인
```

4. Logistic regression Analysis
4.1. Univariable analysis with PSM

```
vars <- c("Treatment","age","sex","smoking","HTN","DM","BMI","anemia","history
","tumoursize","stage","fuhrmangrade","S","L","OP","C")
all.tableone <- CreateTableOne(strata = "death", vars = vars,factorVars = vars,
                data = data.psm, test = T, argsApprox = list(correct = F),
                testNonNormal = kruskal.test, testExact = fisher.test,
argsExact = list(workspace = 2*10^5))
print(all.tableone, smd=F)
```

4.2. Multiple analysis with PSM

```
reg = glm(death ~ Treatment+age+sex+smoking+DM+HTN+BMI+anemia+history+tu
```

```
moursize+stage+fuhrmangrade+S+L+OP+C, family=binomial(), data=data.psm)
summary(reg)
jtools::summ(reg, exp=T, digits=3)
```

```
### 4.2. Multiple analysis without PSM
reg = glm(death ~ Treatment+age+sex+smoking+DM+HTN+BMI+anemia+history+tu
moursize+stage+fuhrmangrade+S+L+OP+C, family=binomial(), data=data)
summary(reg)
jtools::summ(reg, exp=T, digits=3)
```

▶ Propensity score weighting (성향점수 가중치)

```
## 1. 파일 불러오기
data <- read.csv("PSsample.csv")
```

```
## 2. Characteristics 파악
### 2.1. 집단별 통계량 t-test & smd
library(tableone) #install.packages("tableone")
vars <- c("age","sex","smoking","HTN","DM","BMI","anemia","history","tumoursiz
e","stage","fuhrmangrade","S","L","OP","C") #모두 범주형 변수이다.
all.tableone <- CreateTableOne(strata = "Treatment", vars = vars,factorVars = vars,
                data = data, test = T, argsApprox = list(correct = F),
                testNonNormal = kruskal.test, testExact = fisher.test,
argsExact = list(workspace = 2*10^5))
print(all.tableone, smd=T) #Crude 상태에서의 개별 통계량과 집단에 따른 유의차, SMD를
확인할 수 있다.
#summary(all.tableone)
```

```
## 3. PSW_procedure
### 3.1. 사전 pscore 만들기
reg = glm(Treatment ~ age+sex+smoking+DM+HTN+BMI+anemia+history+tumours
ize+stage+fuhrmangrade+S+L+OP+C, family=binomial(), data=data) #치료변수에 해
당하는 것은 Treatment이 1일 확률을 구한다.
data$pscore <- c(predict.glm(reg, type="response")) #post-estimation 할 때
type="response"를 해주어야 종속변수가 될 확률을 추정한다.
head(data)
```

3.2. IPW & SW 만들기

```
data$ipw <- ifelse(data$Treatment==1, 1/data$pscore, 1/(1-data$pscore))
prop <- sum(data$Treatment)/length(data$Treatment)
data$sw <- ifelse(data$Treatment==1, prop/data$pscore, (1-prop)/
(1-data$pscore))
length(data$pscore)
sum(data$ipw)
sum(data$sw)
```

3.3. survey weighting characteristics After propensity score weighting.

```
library(survey)
library(tableone)
```

```
##IPW##
svydes.ipw <-svydesign(id=~id, weights=~ipw, data=data, strata=~Treatment)
#survey setup
vars <- c("age","sex","smoking","HTN","DM","BMI","anemia","history","tumoursiz
e","stage","fuhrmangrade","S","L","OP","C")
svy.ipw.tableone <- svyCreateTableOne(strata="Treatment",vars = vars,
factorVars = vars, data = svydes.ipw)
print(svy.ipw.tableone, conDigits=5, smd=T) #PS weighting 상태에서의 개별 통계량과
집단에 따른 유의차, SMD를 확인할 수 있다.
summary(svy.ipw.tableone$CatTable) #t0/t1에 맞추어 y0/y1의 빈도수를 볼 수 있음.
```

```
##SW##
svydes.sw <-svydesign(id=~id, weights=~sw, data=data, strata=~Treatment)
#survey setup
vars <- c("age","sex","smoking","HTN","DM","BMI","anemia","history","tumoursiz
e","stage","fuhrmangrade","S","L","OP","C")
svy.sw.tableone <- svyCreateTableOne(strata="Treatment",vars = vars,
factorVars = vars, data = svydes.sw)
print(svy.sw.tableone, conDigits=5, smd=T) #PS weighting 상태에서의 개별 통계량과
집단에 따른 유의차, SMD를 확인할 수 있다.
```

```
## Before PSW
all.tableone <- CreateTableOne(strata = "Treatment", vars = vars,factorVars = vars,
```

```
                    data = data, test = T, argsApprox = list(correct = F),
                    testNonNormal = kruskal.test, testExact = fisher.test,
argsExact = list(workspace = 2*10^5))
print(all.tableone, smd=T) #Crude 상태에서의 개별 통계량과 집단에 따른 유의차, SMD를
```
확인할 수 있다.

```
### 3.4. Graph
######weighting 이전의 subset by Treatment#####
Treatment.1 <- data[data$Treatment== 1,]
Treatment.0 <- data[data$Treatment== 0,]
###SW svyset의 subset by Treatment###########
svydes.sw.sub.Treatment.1<-subset(svydes.sw,Treatment== 1)
svydes.sw.sub.Treatment.0<-subset(svydes.sw,Treatment== 0)
split.screen(c(2,2))
screen(1);boxplot(Treatment.1$pscore, main="Treatment before Propensity
score weighting",xlab = "propensity score")
screen(2);boxplot(Treatment.0$pscore, main="Non-Treatment before Propensity
score weighting",xlab = "propensity score")
screen(3);svyboxplot(pscore~1, ylim = c(0, 1), svydes.sw.sub.Treatment.1,all.
outliers=TRUE,main="Treatment after Propensity score weighting",xlab =
"propensity score")
screen(4);svyboxplot(pscore~1, ylim = c(0, 1), svydes.sw.sub.Treatment.0,all.
outliers=TRUE, main="Non-Treatment after Propensity score weighting",xlab
= "propensity score")
close.screen(all=TRUE) #이걸 해주어야 리셋됨


pscore.beforePSW <- CreateTableOne(strata = "Treatment", vars = "pscore",
data = data, test = T)
print(pscore.beforePSW, conDigits=5, smd=T) #가중치 이전 PS 확인
svydes.sw <-svydesign(id=~id, weights=~sw, data=data, strata=~Treatment)
#survey setup
pscore.afterPSW <- svyCreateTableOne(vars = "pscore", strata="Treatment",
data = svydes.sw)
print(pscore.afterPSW, conDigits=5, smd=T) #가중치 이후 PS 확인
```

4. Logistic regression Analysis after PSW

4.1. Univariable analysis with PSW

```
svydes.sw <-svydesign(id=~id, weights=~sw, data=data, strata=~Treatment)
#survey setup
vars <- c("Treatment","age","sex","smoking","HTN","DM","BMI","anemia","history
","tumoursize","stage","fuhrmangrade","S","L","OP","C")
svy.sw.tableone <- svyCreateTableOne(strata="death",vars = vars, factorVars
= vars, data = svydes.sw)
print(svy.sw.tableone, conDigits=3, smd=T)
```

4.2. Multivariable analysis with PSW

```
svy.reg <- svyglm(death ~ Treatment+age+sex+smoking+DM+HTN+BMI+anemia+his
tory+tumoursize+stage+fuhrmangrade+S+L+OP+C, design=svydes.sw)
summary(svy.reg)
jtools::summ(svy.reg, exp=T, digits=3)
```

4.3. Multiple regression without PSW

```
reg = glm(death ~ Treatment+age+sex+smoking+DM+HTN+BMI+anemia+history+tu
moursize+stage+fuhrmangrade+S+L+OP+C, family=binomial(), data=data)
summary(reg)
jtools::summ(reg, exp=T, digits=3)
```

▶ Propensity score weighting (성향점수 가중치) 이후 생존분석

1. 파일 불러오기

```
data <- read.csv("PSsample.csv")
```

2. Characteristics 파악

2.1. 집단별 통계량 t-test & smd

```
library(tableone) #install.packages("tableone")
vars <- c("age","sex","smoking","HTN","DM","BMI","anemia","history","tumoursiz
e","stage","fuhrmangrade","S","L","OP","C") #모두 범주형 변수이다.
all.tableone <- CreateTableOne(strata = "Treatment", vars = vars,factorVars = vars,
              data = data, test = T, argsApprox = list(correct = F),
              testNonNormal = kruskal.test, testExact = fisher.test,
argsExact = list(workspace = 2*10^5))
```

```
print(all.tableone, smd=T) #Crude 상태에서의 개별 통계량과 집단에 따른 유의차, SMD를
확인할 수 있다.
#summary(all.tableone)
```

3. PSW_procedure
3.1. 사전 pscore 만들기
```
reg = glm(Treatment ~ age+sex+smoking+DM+HTN+BMI+anemia+history+tumours
ize+stage+fuhrmangrade+S+L+OP+C, family=binomial(), data=data) #치료변수에 해
당하는 것은 Treatment이 1일 확률을 구한다.
data$pscore <- c(predict.glm(reg, type="response")) #post-estimation 할 때
type="response"를 해주어야 종속변수가 될 확률을 추정한다.
head(data)
```

3.2. IPW & SW 만들기
```
data$ipw <- ifelse(data$Treatment==1, 1/data$pscore, 1/(1-data$pscore))
prop <- sum(data$Treatment)/length(data$Treatment)
data$sw <- ifelse(data$Treatment==1, prop/data$pscore, (1-prop)/
(1-data$pscore))
length(data$pscore)
sum(data$ipw)
sum(data$sw)
```

3.3. survey weighting characteristics After propensity score weighting.
```
library(survey)
library(tableone)
```

```
##IPW##
svydes.ipw <-svydesign(id=~id, weights=~ipw, data=data, strata=~Treatment)
#survey setup
vars <- c("age","sex","smoking","HTN","DM","BMI","anemia","history","tumoursiz
e","stage","fuhrmangrade","S","L","OP","C")
svy.ipw.tableone <- svyCreateTableOne(strata="Treatment",vars = vars,
factorVars = vars, data = svydes.ipw)
print(svy.ipw.tableone, conDigits=5, smd=T) #PS weighting 상태에서의 개별 통계량과
집단에 따른 유의차, SMD를 확인할 수 있다.
summary(svy.ipw.tableone$CatTable) #t0/t1에 맞추어 y0/y1의 빈도수를 볼 수 있음.
```

```
##SW##
svydes.sw <-svydesign(id=~id, weights=~sw, data=data, strata=~Treatment)
#survey setup
vars <- c("age","sex","smoking","HTN","DM","BMI","anemia","history","tumoursiz
e","stage","fuhrmangrade","S","L","OP","C")
svy.sw.tableone <- svyCreateTableOne(strata="Treatment",vars = vars,
factorVars = vars, data = svydes.sw)
print(svy.sw.tableone, conDigits=5, smd=T) #PS weighting 상태에서의 개별 통계량과
집단에 따른 유의차, SMD를 확인할 수 있다.


## Before PSW
all.tableone <- CreateTableOne(strata = "Treatment", vars = vars,factorVars = vars,
                data = data, test = T, argsApprox = list(correct = F),
                testNonNormal = kruskal.test, testExact = fisher.test,
argsExact = list(workspace = 2*10^5))
print(all.tableone, smd=T) #Crude 상태에서의 개별 통계량과 집단에 따른 유의차, SMD를
확인할 수 있다.


### 3.4. Graph
######weighting 이전의 subset by Treatment#####
Treatment.1 <- data[data$Treatment== 1,]
Treatment.0 <- data[data$Treatment== 0,]
###SW svyset의 subset by Treatment##########
svydes.sw.sub.Treatment.1<-subset(svydes.sw,Treatment== 1)
svydes.sw.sub.Treatment.0<-subset(svydes.sw,Treatment== 0)
split.screen(c(2,2))
screen(1);boxplot(Treatment.1$pscore, main="Treatment before Propensity
score weighting",xlab = "propensity score")
screen(2);boxplot(Treatment.0$pscore, main="Non-Treatment before Propensity
score weighting",xlab = "propensity score")
screen(3);svyboxplot(pscore~1, ylim = c(0, 1), svydes.sw.sub.Treatment.1,all.
outliers=TRUE,main="Treatment after Propensity score weighting",xlab =
"propensity score")
screen(4);svyboxplot(pscore~1, ylim = c(0, 1), svydes.sw.sub.Treatment.0,all.
outliers=TRUE, main="Non-Treatment after Propensity score weighting",xlab
= "propensity score")
```

```
close.screen(all=TRUE) #이걸 해주어야 리셋됨

pscore.beforePSW <- CreateTableOne(strata = "Treatment", vars = "pscore",
data = data, test = T)
print(pscore.beforePSW, conDigits=5, smd=T) #가중치 이전 PS 확인
svydes.sw <-svydesign(id=~id, weights=~sw, data=data, strata=~Treatment)
#survey setup
pscore.afterPSW <- svyCreateTableOne(vars = "pscore", strata="Treatment",
data = svydes.sw)
print(pscore.afterPSW, conDigits=5, smd=T) #가중치 이후 PS 확인
```

4. Survival analysis
Kaplan Meier curve by Treatment (over / under), log-rank test and COX PH
regression analysis.
```
library(survival)
library(survey)
library(ggplot2)
library(survminer)
library(jskm)
```

4.1. Before PSW
4.1.1. Kaplan Meier curve
```
obj <- with(data, Surv(data$period,data$death==1)) #시간변수와 사망이자
uncensored data를 가지고 생존자료 객체 생성.
suv <- survfit(obj ~ Treatment, data=data) #생존자료 객체를 Treatment에 따라 모형 적
합시킴.
summary(suv)
jskm(suv, table = T) #KM 하단에 life table을 추가로 만들어줌
```

4.1.2. Log-rank test
```
survdiff(obj ~ Treatment, data=data) #생존자료 객체를 Treatment에 따라 log-rank
test 실시.
#COX의 단변량 분석과 동일
```

4.1.3. Cox PH regression
4.1.3.1. Cox PH_univariable analysis

```
cox.u1 <- coxph(obj ~ Treatment, data=data)
summary(cox.u1)
cox.u2 <- coxph(obj ~ age, data=data)
summary(cox.u2)
##### 4.1.3.2. Cox PH_multivariable analysis
obj <- with(data, Surv(data$period,data$death==1))
cox.m <- coxph(obj ~ Treatment+age+sex+smoking+DM+HTN+BMI+anemia+history+
tumoursize+stage+fuhrmangrade+S+L+OP+C, data = data); summary(cox.m)


### 4.2. After PSW
#### 4.2.1. Kaplan Meier curve
svykm <- svykm(Surv(data$period,data$death==1)~Treatment, design=svydes.sw)
#survey setup
svyjskm(svykm,table=T)
#### 4.2.2. Log-rank test
svylogrank(Surv(data$period,data$death==1) ~ Treatment, design=svydes.sw)
#COX의 단변량 분석과 동일


#### 4.2.3. Cox PH regression
##### 4.2.3.1.Cox PH_univariable analysis
cox.svy.trt <- svycoxph(Surv(period,death==1) ~ Treatment, design=svydes.sw)
summary(cox.svy.trt)
cox.svy.age <- svycoxph(Surv(period,death==1) ~ Treatment, design=svydes.sw)
summary(cox.svy.age)


##### 4.2.3.2. Cox PH_multivariable analysis
cox.svy.m <- svycoxph(Surv(period,death==1) ~ Treatment+age+sex+smoking
+DM+HTN+BMI+anemia+history+tumoursize+stage+fuhrmangrade+S+L+OP+C,
design=svydes.sw); summary(cox.svy.m)
```

찾아보기